专利应用工程师培训教材

企业专利应用实务 100 问

韩秀成　盛小列　郑浩峻　**主编**

科学普及出版社
·北　京·

图书在版编目（CIP）数据

企业专利应用实务100问 / 韩秀成，盛小列，郑浩峻主编. —北京：
科学普及出版社，2016.5（2018.8 重印）

ISBN 978-7-110-09392-4

Ⅰ.①企… Ⅱ.①韩… ②盛… ③郑… Ⅲ.①企业—专利申请—中国—
问题解答 Ⅳ.① G306-44 ② F279.23-44

中国版本图书馆 CIP 数据核字（2016）第 090033 号

策划编辑	吕建华　孙卫华
责任编辑	孙卫华
责任校对	刘洪岩
责任印制	徐　飞

出　　版	科学普及出版社
发　　行	中国科学技术出版社发行部
地　　址	北京市海淀区中关村南大街16号
邮　　编	100081
发行电话	010-62173865
传　　真	010-62173081
投稿电话	010-63581202
网　　址	http://www.cspbooks.com.cn

开　　本	710mm×1000mm　1/16
字　　数	128千字
印　　张	7
版　　次	2016年5月第1版
印　　次	2018年8月第3次印刷
印　　刷	北京盛通印刷股份有限公司
书　　号	ISBN 978-7-110-09392-4 / G·3922
定　　价	13.00元

企业专利应用实务 100 问
编审委员会

目 录

一、企业专利政策法规实务

1. 企业应当了解十九大报告中知识产权相关内容有哪些?

就国家发展大战略而言,十九大报告指出,中国特色社会主义进入新时代,我国社会主要矛盾已经转化为人民日益增长的美好生活需要和不平衡不充分的发展之间的矛盾。以习近平同志为核心的党中央着眼我国发展的历史与现实,深刻阐明了发展新阶段的矛盾运动规律,深入揭示了认识和解决矛盾的思路和方法,为我们在新的历史起点上,推动中国知识产权事业的改革发展注入了"活的灵魂"。我们要主动适应我国社会主要矛盾的变化,充分发挥知识产权的技术供给和制度供给双重作用,促进新的社会主要矛盾的解决。一方面要发挥好知识产权的技术供给作用。要加强知识产权的创造和运用,努力提高对实体经济的技术供给水平,不断为实体经济发展注入新的动力。要着力通过知识产权行业布局解决好发展不充分的问题,通过知识产权区域布局解决好发展不平衡的问题,通过知识产权海外布局推动我国产业迈向全球价值链中高端,更好地满足人民日益增长的美好生活需要。另一方面,要发挥好知识产权的制度供给作用。要通过完善知识产权法律制度,推动构建更加公平公正、开放透明的法治和市场环境,让一切创新成果得到有效保护,一切创新源泉得到充分涌流,一切创新热情得到持续激发,促进人的全面发展和社会全面进步。同时,知识产权作为保障现代社会顺畅运行的基础性制度安排,对实施科教兴国战略、人才强国战略、创新驱动发展战略等 7 个战略的扎实有效推进,都发挥着基本保障作用。

就知识产权工作本身而言，十八大报告首次提出"加强知识产权保护"，十九大报告提出"强化知识产权创造、保护和运用"，从"加强"到"强化"，说明中央对知识产权工作的重视，也是新时代知识产权事业发展的方向。强化知识产权创造、保护、运用，这既涉及制度创新，也关系科技创新、文化创新和产业创新，要全面立体地理解其深刻内涵，就要聚焦"强化"二字，系统谋划知识产权的创造、保护、运用各项工作，努力推动知识产权事业实现根本性转变。一要推动前沿科技领域创新，深入实施专利质量提升工程，努力推动知识产权创造由多向优、由大到强转变。二要统筹推进知识产权严保护、大保护、快保护、同保护各项工作，构建依法严格保护知识产权的良好环境，推动知识产权保护从不断加强向全面从严转变。三要从深化知识产权权益分配改革、建立健全知识产权运营平台体系等方面着手，努力推动知识产权转化运用从单一效益向综合效益转变，助推实体经济发展，提高产品供给水平，满足人民日益增长的美好生活需要。四是从人才队伍、文献资源、知识产权服务业、知识产权文化等多个方面着手，加强知识产权事业基本建设，夯实知识产权事业发展的基础，促进知识产权事业行稳致远。

2. 怎样强化知识产权的创造、保护和运用？

一要强化知识产权创造。要瞄准世界科技前沿，加强关键共性技术、前沿引领技术、现代工程技术、颠覆性技术创新，为提升知识产权质量提供源头活水。要坚持质量第一、效益优先，深入实施专利质量提升工程，努力推动知识产权创造由多向优、由大到强的转变。

二要强化知识产权保护。保护是知识产权工作的核心。要认真推进知识产权严保护、大保护、快保护、同保护各项工作，积极构建依法严格保护知识产权的良好环境。特别是要从完善知识产权保护法律法规、提高知识产权审查质量效率、加强新兴领域和业态知识产权保护、加大对侵权违法行为的惩治力度、提升社会公众知识产权意识等多个方面着手，推动知识产权保护从不断加强向全面从严转变。

三要强化知识产权运用。要坚持"三管齐下"，推进知识产权运用从单一效益向综合效益转变。持续深化知识产权权益分配改革，构建科学合理的权益分配机制，从根本上调动单位和发明人实施成果转化的积极性和主动性。同时，建立健全知识产权运营平台体系，为知识产权的转移转化、收购托管、交易流转、质押融资、分析评议等提供好平台支撑，促进知识产权的综合运用。

3. 企业知识产权工作应当如何落实十九大会议精神？

企业为落实十九大会议精神，开展知识产权工作，要在深刻领会"强化知识产权创造、保护、运用"的基础上，全面增强企业创造、应用、管理和保护知识产权的能力。

（1）着力提升企业自主创新能力，加快知识产权成果转化应用及产业化的市场营运能力，运用知识产权制度提高技术和产品占有市场的竞争发展能力，运用法律法规和国际通行规则保护、维护知识产权的战略管理能力，提高企业知识产权创造、运用、管理和保护水平，把握知识产权资源竞争的主动权。着力实施知识产权密集型产业促进工程，推动重点产业快速发展，集中资源开展关键共性技术研发，集中力量攻克一批支撑知识产权密集型产业发展的关键技术。

（2）形成一批具有核心竞争力的自主知识产权。以知识创新为基础，机制创新为保障，技术创新为重点，加大投入，集中力量，重点攻关，加速开发并形成一批具有自主知识产权的市场保护竞争优势及核心竞争力的技术、产品和服务，打造一批国际知名品牌，加速扩展企业知识产权资产数量和质量，尽快形成知识产权局部优势，实现重点突破，跨越发展。

（3）提高知识产权对国家核心竞争力的贡献率。根据市场竞争需求和大中小企业各自不同的规模及行业特点，通过组建产业联盟、技术联盟、知识产权联盟等途径，促进交流合作及技术成果转移，合理配置和利用知识产权资源，加速形成企业知识产权的创造保护优势，市场竞争的优势，产业化转化的优势，战略规划实施的优势，国际市场的维权优势。扩展企业知识产权成果的市场占有份额，尤其提高产业链终端拥有知识产权的高附加值产品的市场占有率，从而提高我国企业对国家核心竞争力的贡献率。

（4）建设一批具有国际竞争力的龙头企业。企业要围绕发展目标，突出特色和重点，加快企业研发体系改革步伐，逐步建立企业自主创新机制。建立各类技术创新联合体，通过联合、兼并、控股、收购等形式，重点培育一批具有国际竞争力的龙头企业，提升企业知识产权工作整体水平。

4. 企业应当了解的国家知识产权政策体系包括哪些内容？

国家知识产权局为深入实施知识产权战略纲要、加快知识产权强国建设，发挥知识产权在国家经济社会发展全局中的引领作用，加强知识产权事业发展顶层设计，"四梁八柱"性质的政策架构总体形成。印发《国务院关于新形势下加快知识产权强国建设的若干意见》和《深入实施国家知识产权战略行动计划（2014—2020年）》等重要文件，《"十三五"国家知识产权保护和运用规划》作为国家"十三五"重点专项规划印发，形成了以知识产权综合管理改革试点总体方案为引领，新形势下加快知识产权强国建设的若干意见、"十三五"国家知识产权保护和运用规划、深入实施国家知识产权战略行动计划"三驾马车"共同驱动知识产权事业发展的崭新局面。

"加快建设知识产权强国"正式写入党中央、国务院印发的《国家创新驱动发展战略纲要》《中华人民共和国国民经济和社会发展第十三个五年规划纲要》等重要文件，成为中央部署的战略任务之一。

2016年12月5日，习近平总书记主持召开中央全面深化改革领导小组第三十次会议，审议通过《关于开展知识产权综合管理改革试点总体方案》。习近平总书记强调，要紧扣创新发展需求，发挥专利、商标、版权等知识产权的引领作用，打通知识产权创造、运用、保护、管理、服务全链条，建立高效的知识产权综合管理体制，构建便民利民的知识产权公共服务体系，探索支撑创新发展的知识产权运行机制，推动形成权界清晰、分工合理、责权一致、运转高效的体制机制。知识产权综合管理改革由此拉开序幕。2018年1月14日，国家发展改革委、科学技术部、公安部、国家知识产权局联合发布《关于在全面创新改革试验区域深入推进知识产权保护体制机制改革的通知》，为贯彻落实习近平总书记在中央财经领导小组第十六次会议上关于加强知识产权保护的有关重要讲话精神，进一步深化知识产权保护制度改革，在北京市、天津市、河北省、辽宁省、上海市、安徽省、湖北省、广东省、四川省、陕西省全面创新改革试验区域部署一批改革举措，力争在知识产权保护方面取得实质性突破，营造激励创新的良好氛围。

《国务院关于新形势下加快知识产权强国建设的若干意见》正式印发，对知识产权强国建设作出整体部署。国务院办公厅转发国家知识产权局等28个部门联合印发的《深入实施国家知识产权战略行动计划（2014—2020年）》，将知识产权战略实施工作推向深入。

《"十三五"国家知识产权保护和运用规划》首次被纳入国家重点专项规划，明确了"十三五"期间知识产权领域的一系列重大政策、重大工程、重大项目。"每万人口发明专利拥有量"指标继续写入国家"十三五"规划纲要，成为25个经济社会发展主要指标之一。"加大知识产权保护力度"写入《中共中央国务院关于完善产权保护制度依法保护产权的意见》，成为完善现代产权制度的重点任务之一。知识产权在国家经济社会发展全局中的地位和作用显著提升。

5. 企业应当了解的区域知识产权战略包括哪些内容？

为加强知识产权政策与国家重大区域发展战略规划的协同，国家知识产权局围绕"一带一路"建设、京津冀协同发展、长江经济带建设、东北老工业基地振兴、中部崛起等国家战略，联合相关部委共同制定出台了"一带一路"建设知识产权工作方案、中原经济区知识产权政策、东北老工业基地全面振兴知识产权政策，指导形成了地方推动长江经济带建设的工作计划，努力打造京津冀、长三角、珠三角等知识产权战略高地和长江经济带知识产权隆起带，全面对接和服务国家战略实施。以知识产权支持京津冀协同发展为例，2016年6月底，国家知识产权局与北京市、天津市、河北省人民政府共同签署《关于知识产权促进京津冀协同发展合作会商议定书》，正式建立"一局三地"知识产权合作会商机制。明确将通过四方共同努力，构建京津冀知识产权一体化的保护体系，营造良好创新环境；推进知识产权协同运用，提升创新效益与效率；共享知识产权服务资源，促进创新要素合理配置；打造全国重要知识产权发展，积极推动完善京津冀创新生态圈。一年来，各项工作取得显著成效，京津冀专利行政执法办案量大幅提升，增长达59.1%。2016年京津冀知识产权质押融资金额达到93.2亿元，占全国质押总额1/5强。截至2017年6月底，京津冀地区发明专利拥有量达到 23 万件，同比增长 23.6%，占全国总量的 18.8%，成为知识产权强国建设的重要"支点"。

6. 企业应当了解的知识产权法制建设有哪些重大部署？

在法律制度建设上，国家知识产权局对《专利法》《专利代理条例》等法律法规的修订工作稳步推进。

（1）专利法第四次修改。党的十八届四中全会明确提出，要全面推进依法治国，加强重点领域立法，完善激励创新的产权制度、知识产权保护制度和促进科技成果转化的体制机制，为知识产权法律制度建设指明了努力的方向。为落实这一精神，国家知识产权局在之前相关工作基础上，结合全国人大常委会对《专利法》实施情况的执法检查结果，于 2014 年下半年启动了《专利法》第四次全面修改相关工作，通过 11 个方面的专题研究，有针对性地提出了修法建议。2015 年 4 月 1 日，国家知识产权局对外发布《专利法修订草案（征求意见稿）》，通过多种途径广泛收集针对此次法律修订工作的意见和建议，对修订草案作了进一步修改完善，形成了《专利法修订草案（送审稿）》，于 2015 年 7 月上报国务院。2015 年 12 月，国务院法制办就该修订草案送审稿面向社会公开征求意见。修订草案对进一步加大侵权惩罚力度，推进专利的实施和运用等，都作了较大幅度的修改和补充，获得社会的积极评价。2017 年，国务院法制办加快开展专利法审查工作，形成《专利法修正案（草案）》，经法制办办务会通过后，已报请国务院常务会议审议。根据立法进程，《专利法修正案（草案）》经国务院常务会通过后，2018 年将提交全国人大常务委员会审议。

（2）《专利代理条例》和《专利代理管理办法》修订。《专利代理条例》制定于 2001 年，历时十几年的条例修改工作，将于近期完成，为我国专利代理行业发展提供重要遵循。专利法制的完善，有利于解决我国专利保护中存在的突出问题，切实维护专利权人的合法权益，增强创新主体对专利保护的信心，充分激发全社会的创新创造活力。

国家知识产权局为配合条例的修改，在简政放权的同时，不断加强专利代理行业事中事后监管，对《专利代理管理办法》也进行了修订，建立了专利代理机构年度报告公示制度，全面推行"双随机、一公开"监管，有效净化了专利代理市场，规范了行业经营秩序。

（3）《专利优先审查管理办法》实施。近年来着眼提高专利审查效率，国家知识产权局在持续探索优先审查工作的基础上，于2017年6月发布了《专利优先审查管理办法》，此举标志着我国正式建立起系统的专利优先审查制度。相较于此前的《发明专利申请优先审查管理办法》，新办法在很多方面都有了重大突破。例如，新办法的适用范围由发明专利申请拓展到了发明专利、实用新型和外观设计全类型。为了减轻申请人文件准备负担，新办法进一步简化了办理优先审查的手续。为了适应新业态发展，新办法把涉及节能环保、新一代信息技术、高端装备制造等国家重点发展产业核心技术专利申请和涉及社会公共利益的专利申请纳入优先审查范围。此外，新办法还将专利优先审查与知识产权保护中心、快速维权中心建设有机结合，实现快速审查、快速确权、快速维权的协调联动，提升知识产权保护效果。目前，《专利优先审查管理办法》已经正式实施，收到了良好的社会效果。

（4）《专利收费减缴办法》完善。为减轻企业和个人专利申请与维护负担，促进创新创业，国家知识产权局会同财政部、发展改革委进一步完善了《专利收费减缴办法》，将专利年费减缴由3年调整至6年；个人减缴标准由年度收入低于2.5万元，调整至低于4.2万元；事业单位、社会团体、非营利性科研机构等单位提出费减请求时，也无须再出具经济困难证明；单个单位申请人的减缴比例，更是由70%提高到85%，而且申请人通过费减备案系统在线填写并提交备案信息，审核通过后，在一个自然年有效期内都可按照《专利收费减缴办法》享受相应比例的专利费用减缴。上述举措既减轻了企业和个人的经济负担，也减轻了工作负担。该办法实施以后仅天津市2017年上半年就有5000家企业减缴专利费用4000万元。

7. 企业应当了解的知识产权强省建设举措有哪些？

在国家一系列政策的引导下，目前全国已有13个知识产权强省建设试点省，这些省份均出台了具体的知识产权强省建设实施方案。25个省（区、市）编制出台了知识产权（专利）"十三五"规划，其中天津、内蒙古、辽宁、吉林、黑龙江、江苏、安徽、四川和宁夏9个地方还将其纳入了地方重点专项规划。2016年6月，经国家知识产权局批复，广东省率先启动建设引领型知识产权强省试点。为此，不仅专门印发了《广东省建设引领型知识产权强省试点省实施方案》等政策文件，构建起了较为完善的知识产权强省建设政策体系，还积极探索在珠三角地区建设引领型知识产权强市和粤东西北地区建设特色型及支撑型知识产权强市的有效路径，实现协调发展、整体提升。目前，广东省已拥有国家知识产权示范城市化产业支撑体系上，广东省在工业机器人、海洋工程装备、高端制造产业、生物医学工程、轨道交通装备等探索根据专利链布局创新链的产业发展新模式。在知识产权运营方面，国家知识产权运营公共服务平台金融创新（横琴）试点平台投入运行。在知识产权综合管理改革探索上，经国务院批准，广东省在中新广州知识城开展知识产权运用和保护综合改革试验，努力将中新广州知识城打造成为"立足广东、辐射华南、示范全国"的知识产权引领型创新驱动发展之城。在知识产权强企建设上，中兴通讯、华为、腾讯、大疆、比亚迪等一批知识产权强企异军突起，加快向国际产业链的高端跃升，展现了中国创新型企业的新形象。除此之外，北京局提出培育更多高价值核心专利，打造知识产权保护的首善之区。山西局提出实行"专利创造能力提升年"行动；吉林、重庆、四川、宁夏、新疆生产建设兵团、大连、哈尔滨等地方局提出强化专利质量提升，完善或出台相关政策措施，引导更多高价值专利产出。山东、湖北、厦门、武汉、成都、西安等地方局提出推广已有经验或借鉴、复制其他地方改革经验，重点推进知识产权综合管理改革。江苏局提出推动引领型强省建设的十方面重点工作。贵州局提出加快建设强省的"四大实招"。陕西、甘肃、宁波、深圳都等地方局提出加快推进知识产权运营平台建设，提高知识产权服务能力。福建、广西、西藏、长春等地方局提出广泛开展知识产权普及教育，营造良好的知识产权社会氛围。

8. 企业应当了解的知识产权领域改革的举措有哪些？

2016年12月5日，中央全面深化改革领导小组第三十次会议审议通过《关于开展知识产权综合管理改革试点总体方案》。围绕知识产权综合管理改革试点，强调紧扣创新发展需求，发挥知识产权的引领作用，打通知识产权创造、运用、保护、管理、服务全链条，建立高效的知识产权综合管理体制，构建便民利民的知识产权公共服务体系，探索支撑创新发展的知识产权运行机制，推动形成权界清晰、分工合理、责权一致、运转高效的体制机制。国务院办公厅随后印发的《知识产权综合管理改革试点总体方案》，充分发挥有条件的地方在知识产权综合管理改革方面的先行探索和示范带动作用，对知识产权综合管理改革试点作出整体部署。根据总体方案要求，国家知识产权局发函确定了第一批知识产权综合管理改革试点，决定首批在福建厦门、山东青岛、广东深圳、湖南长沙、江苏苏州、上海徐汇区 6 个市（区）级层面开展知识产权综合管理改革，期限为 1 年。知识产权管理"三合一"或"二合一"改革，早已成为部分地区推进知识产权管理体制机制改革创新的样本。江苏省苏州市于 2008 年推行专利和版权综合管理模式，上海浦东新区和上海自贸试验区自 2015 年以来首创专利、商标和版权"三合一"的集中管理机构。此外，长沙市、中新广州知识城、成都市郫都区以及我国新设立的各自贸区等也相继开展了改革探索。目前，上述地区都积累了一定经验并取得了明显成效。如今，国家知识产权局正在会同有关方面，牵头加快推进知识产权综合管理改革试点工作。知识产权综合管理改革已成为战略目标要求、改革制度设计与"自下而上"试点共同作用的结果。

党的十八大以来，国家知识产权局扎实推进"放管服"改革，加大简政放权力度，创新知识产权监管方式，提升公共服务水平。取消一批有关评奖项目和审批事项，开展专利代理行业专项整治，专利代理机构设立改为后置审批并加强事中事后监管；配合财政部、发展改革委制定专利收费减缴办法，延长专利年费减缴时限，减轻企业负担；完善专利代理人考试制度，改革专利代理人考试办法；建设专利数据服务试验系统，免费开放五局最新专利数据。修订实施专利优先审查管理办法，重点支撑战略性新兴产业发展。扩大专利代理行业改革试点范围。开展全国范围的专利代理"挂证"集中整治，清理整顿并曝光一批违法违规的机构和人员，进一步规范了专利代理行业市场秩序。

9. 专利质量提升工作举措有哪些？

专利质量是彰显创新驱动发展质量效益的核心指标之一，是保障知识产权事业持续健康发展的生命线，是夯实知识产权强国建设的基础。然而，与美、欧等发达国家和地区相比，我国专利质量有待进一步提升，知识产权还存在"大而不强、多而不优"，专利对创新驱动发展的支撑保障和引导作用尚未充分发挥。

一直以来，党中央、国务院对专利质量高度重视。2014 年底，国务院办公厅印发了《深入实施国家知识产权战略行动计划（2014—2020 年）》，"量增质更优"成为在部署知识产权创造工作中的"关键词"。2015 年底，《国务院关于新形势下加快知识产权强国建设的若干意见》出台，提出要提升知识产权附加值和国际影响力，实施专利质量提升工程，培育一批核心专利。2016 年，国务院印发的《"十三五"国家知识产权保护和运用规划》中，也将提高知识产权质量效益作为一项重要工作加以部署。为此，国家知识产权局确立了"质量取胜、数量布局"的工作导向，在继续保持专利数量稳定增长的同时，把更多的精力放在提高专利的质量上来，稳增长、调结构、促转型，通过这些措施实现专利的高水平创造、高质量申请、高效率审查、高规格授予。2014 年，国家知识产权局出台《关于进一步提高专利申请质量的若干意见》，逐步将发明专利申请量占比、发明专利授权率、PCT 专利申请量、专利维持率等指标纳入区域专利工作评价指标体系，进一步突出区域专利评价工作的专利申请质量导向。专利资助政策也以扶优扶强为导向，在不断提高投入产出绩效的基础上，加大专利专项资助资金规模，将资助重点由一般资助转向专项资助。同时，开始动态监测专利的申请活动，加强对非正常专利申请行为的监管，建立健全信息反馈联动机制和工作约谈机制，实现专利信息的快速反馈、快速响应。2016 年，国家知识产权局制定并实施了专利质量提升工程，围绕专利的申请、代理、审查、保护以及运用等重要环节，制定了一系列有针对性的措施，多策并举提升专利质量。

从政策引导方面，国家知识产权局指导和督促地方健全质量导向的专利政策，尽快实现从对专利申请的资助向对专利授权的资助转变，由以往更多地促进专利数量增长向主要促进专利质量提升转变。在提高专利审查质量方面，国家知识产权局成立专利审查质量评价组和非正常专利申请监控组，聘请专利审查质量监督员，加强专利审查质量的评价和反馈，形成审查质量内外双监督机制，强化对非正常专利申请的监控，确保专利申请和审查工作在有效的监控机制下运行，确保对每一件专利申请都做到授权有理、驳回有据、客观公正、标准统一。专利代理是知识产权创造全链条中一个重要环节，专利代理水平的高低也决定着专利申请质量。为此，国家知识产权局一方面进一步完善专利代理行业监管机制，引入竞争机制，加大对代理机构和代理人的执业诚信信息披露力度，严格行业监管，强化行业自律，促进专利代理质量和服务水平的提升。另一方面，建立专利代理机构非正常申请约谈制度，及时反馈专利代理质量评价信息，对存在非正常申请的专利代理机构和地方及时进行约谈，对情节严重的依法依规予以惩戒，杜绝代理非正常专利的申请。

10. 地方立法指导协调机制是什么，在强化知识产权创造、保护和运用方面有哪些新动向？

在做好国家层面知识产权法律法规建设的同时，国家知识产权局建立了地方专利立法指导协调机制，加强对地方专利立法工作的指导。近年来分别推动广东、江苏、浙江等省市制定和修订了一批地方性知识产权法规，在各个层面构建起了知识产权法律法规制度体系，为推进知识产权事业进步、促进地方经济社会发展，提供了重要的法律保障。

以浙江省为例，2015 年 9 月 25 日，浙江省十二届人大常委会第 23 次会议高票通过了《浙江省专利条例》，并于 2016 年 1 月 1 日起施行。这是在原有《浙江省专利保护条例》的基础上，立足浙江省实际，着眼发展需要形成的新制度新规范。其中新增加规定 27 条，修改规定 25 条，总共设置 6 章 52 条，将条例规范的范围由保护拓展到了创造、运用、保护、管理、服务"全链条"，许多方面作出了突破性的规定，开全国之先河。如条例中针对浙江省电子商务产业快速发展的现实需要，对电子商务专利行政保护作出了新的规范，明确规定被投诉人拒不提交申辩材料或者有证据证明是专利侵权、假冒专利的，网络、电视等交易平台提供者应当采取删除、屏蔽、断开链接、关闭网店等必要措施；未及时采取必要措施的，对损害的扩大部分与经营者承担连带责任。

2016 年，在《浙江省专利条例》实施的第一年，浙江省专利行政执法特别是电子商务专利行政执法就呈现出全新局面，在处理电商平台上的专利侵权投诉案件数量和断开、删除侵权链接数量等指标上都位居全国首位，有效规范了电商领域的经营秩序，营造了电商产业良好发展环境，推动了浙江省电商产业快速发展。2016 年，浙江省电商网络零售额达到 10306.7 亿元人民币，同比增长 35.4%，占全国电商网络零售额的近 20%。

二、企业国内专利申请实务

11. 国内专利申请的审批流程是什么？

《专利法》规定的专利申请受理审批程序主要包括受理、分类、初步审查、公布、实质审查、复审、授权、无效宣告、与复审和无效宣告相关的行政诉讼。公布和实质审查是发明专利申请特有的程序，强制许可仅涉及发明或者使用新型专利。上述程序由申请人启动的是：受理、实质审查、复审、无效宣告、与复审和无效宣告相关的行政诉讼。初步审查、公布、授权3种程序由专利局自行启动。必要时专利局也可以启动实质审查程序。

（1）发明专利审批操作流程。发明专利的申请审批流程遵循受理、分类、初步审查、公布、实质审查、授权公布到授权后的保护的常规程序。

任何人认为专利局从专利申请的受理到授权后的任一程序的具体行政行为侵犯了其合法权益，均可以依照《国家知识产权局行政复议规程》向国家知识产权局申请复议，国家知识产权局受理复议申请、审理复议案件、做出复议决定。

申请人对初步审查和实质审查程序中驳回专利申请的决定不服，可以向专利复审委员会请求复审。专利复审委员会对复审请求进行受理和审查并作出决定。复审决定做出后复审请求人不服该决定的，可以在收到复审决定之日起3个月内向人民法院起诉，在规定的期限内未起诉或者人民法院的生效判决维持该复审决定的，复审程序终止。

专利申请被授予专利权后，任何人认为专利局对某项专利权的授予不符合

《专利法》及其实施细则的有关规定的，都可以依法向专利复审委员会提出宣告该专利权无效的请求，专利复审委员会对专利权无效宣告请求进行受理和审查并作出决定。在专利复审委员会对无效宣告请求作出审查决定之后，当事人可以在收到该审查决定之日起 3 个月内向人民法院起诉，当事人未在该期限内向人民法院起诉，或者人民法院生效判决维持该审查决定的，无效宣告程序终止。

（2）实用新型 / 外观设计专利审批操作流程。实用新型的申请审批流程遵循受理、分类、初步审查、授权公布到授权后的保护的常规程序。行政复议、复审、无效等是可能有的程序，与发明专利的审批操作流程相类似。

实用新型和外观设计不同于发明专利审批操作流程之处在于前两者没有授权前公布和实质审查程序，前两者采用的是初步审查程序。前两者和后者的其他程序大致相同。

12. 办理专利手续的收费标准和具体费用是多少？

（1）办理专利手续应当缴纳下列费用：

1）申请费、申请附加费、公布印刷费、优先权要求费；

2）发明专利申请实质审查费、复审费；

3）专利登记费、公告印刷费、年费；

4）恢复权利请求费、延长期限请求费；

5）著录事项变更费、专利评价报告请求费、无效宣告请求费。

（2）申请人办理登记手续时，应当缴纳专利登记费、公告印刷费和授予专利权当年的年费。期满未缴纳费用的，视为未办理登记手续。以后的年费应当在前一年度期满前 1 个月内预缴。

（3）专利权人未按时缴纳授予专利权当年以后的年费或者缴纳的数额不足的，国务院专利行政部门应当通知专利权人自应当缴纳年费期满之日起 6 个月内补缴，同时缴纳滞纳金；滞纳金的金额按照每超过规定的缴费时间 1 个月，加收当年全额年费的 5% 计算；期满未缴纳的，专利权自应当缴纳年费期满之日起终止。

专利收费项目和标准以及有关事项可在国家知识产权局网站查询。查询网址：

http://www.sipo.gov.cn/zlsqzn/sqq/zlfy/200804/t20080410_372688.html

http://www.sipo.gov.cn/zlsqzn/sqq/zlfy/200804/t20080422_390241.html

13. 缴纳专利费用应该注意哪些问题？

（1）专利费用缴纳的方式。专利费用缴纳的方式可以直接向国务院专利行政部门缴纳，也可以用邮寄的方式缴纳。

企业通过邮局或者银行汇付的，应当在送交国务院专利行政部门的汇单上写明正确的申请号或者专利号以及缴纳的费用名称，不符合规定的，将被视为没有办理缴费手续。直接向国务院专利行政办公室缴纳的，以缴纳当时为缴费日。

企业以邮局或银行汇寄方式缴纳，以邮局的邮戳或银行实际汇出日为缴费日；但是自汇出日至国务院专利行政部门收到日超过 15 日的，除邮局或者银行出具证明外，以国务院专利行政部门收到日为缴费日。

（2）如何请求专利申请费用减缓。申请专利缴费确有困难的，可以请求专利局减缓申请费、审查费、维持费、复审费以及批准专利后前 3 年的年费。其他各种费用不能减缓。

在提出申请的同时请求减缓的，申请被批准后可以一并减缓上述 5 种费用。在申请之后请求减缓的只能请求减缓除申请费以外的尚未开始缴纳的其他 4 种费用。除申请费以外，减缓其他费用应当在该费用应当缴纳的期限届满前 2 个月提出。

请求费用减缓应当提交国家知识产权局专利局统一制定的费用减缓请求书。请求减缓的企业，应当写明理由和盈亏情况，并附具上级行政主管部门的证明。费用减缓请求由专利局审批，单位申请最多批准减缓 70%。提出减缓请求的，可按已批准的减缓数额缴费，国家知识产权局专利局不同意的，将通知申请人，申请人应当按专利局规定的期限，补缴不足部分。

作为申请人或者专利权人，企业在发明创造取得经济效益或有其他收入后，应当补缴减缓的费用。

14. 申请专利前应有哪些准备?

一项发明创造能够取得专利权,首先需要具备实质性条件,即具备专利性。其次还要符合专利法规定的形式要求以及履行各种手续。企业在提出申请以前一定要做好如下准备:

(1)学习和熟悉专利法及其实施细则,了解专利权人的权利和义务,了解取得专利后如何维持和实施专利等。

(2)对准备申请专利的项目是否具备专利性进行较详细的检查。在提出专利申请以前,检索专利和非专利文献,广泛掌握资料,充分了解现有技术的状况,对明显没有新颖性或创造性的,不再提出申请。

(3)从市场经济的角度认真考虑。申请人应对自己的发明创造的技术开发的可能性、范围及技术市场和商品市场的条件进行认真预测和调研,明确在取得专利权以后实施和转让专利的条件及可能获得的经济收益,同时明确不申请专利可能带来的市场和经济损失。

(4)了解专利申请文件的书写格式和撰写要求和专利申请的提交方式、费用情况和简要的审批过程。专利法规定,申请一旦提出以后,不能再作实质性修改,申请文件特别是说明书的纰漏,将成为无法补救的缺陷。权利要求书写得不好,会限制专利权的保护范围。不了解申请手续、审批程序,也往往会导致申请被视为撤回等法律后果。

(5)其他在申请前应注意的事项:《专利法》第二十四条规定的不丧失新颖性的情形和《专利法实施细则》第二十四条规定的涉及新的生物材料应办理的相关手续。

申请权是通过转让获得的,应当在申请以前办好转让手续,以便专利局需要时可以及时提交。

15. 专利申请需要哪些文件?

企业办理专利申请时应按照《专利法》及实施细则的规定准备相关文件。

申请发明专利的,申请文件应当包括:发明专利请求书、摘要、摘要附图(适用时)、说明书、权利要求书、说明书附图(适用时),各一式两份。

申请实用新型专利的，申请文件应当包括：实用新型专利请求书、摘要、摘要附图（适用时）、说明书、权利要求书、说明书附图，各一式两份。

申请外观设计专利的，申请文件应当包括：外观设计专利请求书、图片或者照片（要求保护色彩的，应当提交彩色图片或者照片，立体产品外观设计应按照要点涉及的面提交主视图、后视图、左视图、右视图、俯视图和仰视图的六面正投影视图和立体图）以及对该外观设计的简要说明，各一式两份。提交图片的，两份均应为图片，提交照片的，两份均应为照片，不得将图片和照片混用。

申请发明或者实用新型专利的，应当提交请求书、说明书及其摘要和权利要求书等文件。

申请专利的发明涉及新的生物材料，该生物材料公众不能得到，并且对该生物材料的说明不足以使所属领域的技术人员实施其发明的，除应当符合专利法和专利法实施细则的有关规定外，申请人还应当办理下列手续：

（1）在申请日前，将该微生物菌种提交专利局指定的微生物菌种保藏单位保藏。

（2）在请求书中注明保藏该微生物菌种的单位名称、地址、保藏日期和编号以及该微生物菌种的分类命名。

（3）在申请文件中提供有关微生物特征的资料。

（4）自申请日起三个月内提交保藏单位出具的保藏证明和存活证明。

16. 如何办理专利申请？

办理专利申请应当提交必要的申请文件，并按规定缴纳费用。专利申请必须采用纸件或者电子申请的形式办理。不能用口头说明或者提供样品或模型的方法，来代替纸件或电子申请文件。

各种手续文件都应当按规定签章，签章应当与请求书中填写的姓名或者名称完全一致。签章不得复印。涉及权利转移的手续，应当有全体申请人签章，其他手续可以由申请人的代表人签章办理，委托专利代理机构的，应当由专利代理机构签章办理。

办理手续要附具证明文件或者附件的，证明文件与附件应当使用原件或者副本，不得使用复印件。如原件只有一份的，可以使用复印件，但同时需要附有公证机关出具的复印件与原件一致的证明。

专利申请的途径

（1）企业自主申请。

1）确定要申请的专利类型是发明、实用新型还是外观设计。

2）准备申请资料，发明或实用新型专利请求书、权利要求书、说明书、说明书附图、说明书摘要、摘要附图、费用减缓请求书等文件；外观设计专利请求书、外观设计照片或图片、简要说明、费用减缓请求书等文件。

3）向国家知识产权局提交申请，缴纳申请费。

4）若审查未被通过，可以提起申诉，修改。再次提交审核。

（2）委托专利代理申请。上述申请过程和材料准备的过程均可委托专业的专利代理机构协助操作。所有这些工作都将由专利代理人来完成，企业要做的是提供必要的图纸和技术资料，并协助专利代理人理解要申请专利的发明创造。

17. 我国的专利受理部门有哪些？

专利局的受理部门包括专利局受理处和专利局各代办处。专利局受理处负责受理专利申请及其他有关文件，代办处按照相关规定受理专利申请及其他有关文件。专利复审委员会可以受理与复审和无效宣告请求有关的文件。专利局受理处和代办处应当开设受理窗口。未经过受理登记的文件，不得进入审批程序。

专利局受理处和代办处的地址由专利局以公告形式公布。邮寄或者直接交给专利局的任何个人或者非受理部门的申请文件和其他有关文件，其邮寄文件的邮戳日或者提交文件的提交日都不具有确定申请日和递交日的效力。

申请专利时，应当将申请文件直接提交或寄交"国家知识产权局专利局受理处"收，也可以提交或寄交到设在地方的国家知识产权局专利局代办处。目前，国家知识产权局专利局在北京、长春、成都、重庆、长沙、福州、贵阳、广州、哈尔滨、合肥、呼和浩特、海口、济南、杭州、兰州、昆明、南昌、南京、南宁、青岛、上海、苏州、深圳、沈阳、太原、西宁、石家庄、天津、武汉、乌鲁木齐、西安、银川、郑州设立 33 家代办处；国防知识产权局专门受理国防专利申请。

专利代办处全称为"国家知识产权局专利局 ×× 代办处"，是国家知识产权局专利局在各省、自治区、直辖市知识产权局设立的专利业务派出机构，主要承担专利局授权或委托的专利业务工作及相关的服务性工作，工作职能属于执行专利法的公务行为，目前主要业务包括：专利申请文件的受理、费用减缓请求的审批、专利费用的收缴、专利实施许可合同备案、办理专利登记簿副本及相关业务咨询服务。

专利申请符合下列条件的，专利局应当受理：

（1）申请文件中有请求书。该请求书中申请专利的类别明确；写明了申请人姓名或者名称及其地址。

（2）发明专利申请文件中有说明书和权利要求书；实用新型专利申请文件中有说明书、说明书附图和权利要求书；外观设计专利申请文件中有图片或者照片和简要说明。

（3）申请文件是使用中文打字或者印刷的。全部申请文件的字迹和线条清晰可辨，没有涂改，能够分辨其内容。发明或者实用新型专利申请的说明书附图和外观设计专利申请的图片是用不易擦去的笔迹绘制，并且没有涂改。

（4）申请人是外国人、外国企业或者外国其他组织的，符合专利法第十九条第一款的有关规定，其所属国符合专利法第十八条的有关规定。

（5）申请人是中国香港特别行政区、中国澳门特别行政区或者中国台湾地区的个人、企业或者其他组织的，符合专利审查指南第一部分第一章第 6.1.1 节的有关规定。

专利申请有下列情形之一的，专利局不予受理：

（1）发明专利申请缺少请求书、说明书或者权利要求书的；实用新型专利申请缺少请求书、说明书、说明书附图或者权利要求书的；外观设计专利申请缺少请求书、图片或照片或者简要说明的。

（2）未使用中文的。

（3）不符合专利审查指南第五部分第三章第 2.1 节（3）中规定的受理条件的。

（4）请求书中缺少申请人姓名或者名称，或者缺少地址的。

（5）外国申请人因国籍或者居所原因，明显不具有提出专利申请的资格的。

（6）在中国内地没有经常居所或者营业所的外国人、外国企业或者外国其他组织作为第一署名申请人，没有委托专利代理机构的。

（7）在中国内地没有经常居所或者营业所的中国香港特别行政区、中国澳门特别行政区或者中国台湾地区的个人、企业或者其他组织作为第一署名申请人，没有委托专利代理机构的。

（8）直接从外国向专利局邮寄的。

（9）直接从中国香港特别行政区、中国澳门特别行政区或者中国台湾地区向专利局邮寄的。

（10）专利申请类别（发明、实用新型或者外观设计）不明确或者难以确定的。

（11）分案申请改变申请类别的。

代办处可以受理的专利申请文件有：

（1）内地申请人面交或寄交的发明、实用新型、外观设计专利申请文件。

（2）中国香港特别行政区、中国澳门特别行政区、中国台湾地区的个人委托内地专利代理机构面交或寄交的发明、实用新型、外观设计专利申请文件。

代办处不能受理的专利申请文件有 [①]：

（1）PCT申请文件。

（2）外国申请人及中国香港特别行政区、中国澳门特别行政区、中国台湾地区法人提交的专利申请文件。

（3）分案申请文件。

（4）有要求优先权声明的专利申请文件。

（5）专利申请被受理后提交的其他文件。

国家知识产权局专利代办处专利申请受理工作规程：

http://www.sipo.gov.cn/sipo/zlsq/dbc/dbc/200604/t20060425_97197.htm

随着计算机网络的普及，通过互联网传输并以电子文件形式提出的专利申请（以下简称"专利电子申请"）开始成为主流方式，便于申请人提交专利申请，提高专利审批效率。申请人办理专利电子申请各种手续的，应当以电子文

---

① 《引自专利代办处专利申请受理工作规程》。

件形式提交相关文件。除另有规定外，国家知识产权局不接受申请人以纸件形式提交的相关文件。不符合本款规定的，相关文件视为未提交。提交专利电子申请和相关文件的，应当遵守规定的文件格式、数据标准、操作规范和传输方式。专利电子申请和相关文件未能被国家知识产权局专利电子申请系统正常接收的，视为未提交。

以纸件形式提出专利申请并被受理后，除涉及国家安全或者重大利益需要保密的专利申请外，申请人可以请求将纸件申请转为专利电子申请。特殊情形下需要将专利电子申请转为纸件申请的，申请人应当提出请求，经国家知识产权局审批并办理相关手续后可以转为纸件申请。

申请人办理专利电子申请的各种手续的，对专利法及其实施细则或者专利审查指南中规定的应当以原件形式提交的相关文件，申请人可以提交原件的电子扫描文件。国家知识产权局认为必要时，可以要求申请人在指定期限内提交原件。

申请人在提出专利电子申请时请求减缴或者缓缴专利法实施细则规定的各种费用需要提交有关证明文件的，应当在提出专利申请时提交证明文件原件的电子扫描文件。未提交电子扫描文件的，视为未提交有关证明文件。采用电子文件形式向国家知识产权局提交的各种文件，以国家知识产权局专利电子申请系统收到电子文件之日为递交日。对于专利电子申请，国家知识产权局以电子文件形式向申请人发出的各种通知书、决定或者其他文件，自文件发出之日起满 15 日，推定为申请人收到文件之日。

18. 专利申请中有哪些重要的期限？

（1）就同一发明或者实用新型在中国申请，要求本国或者外国优先权期限：至申请日前 12 个月内。

（2）外国人就同一外观设计在中国申请要求外国优先权期限：至申请日前 6 个月内。

（3）外国申请人要求外国优先权时，提供该外国专利受理机关出具的证明期限：自申请日起 3 个月内。

（4）发明创造在中国政府主办或承认的国际展览会首次展出，或在规定的学术会议上首次发表，或未在规定的学术会议上首次发表，或未经申请人同意由他人泄露，不丧失新颖性的期限：至申请日前 6 个月内。

（5）提交上述展览会、学术会议证明的期限：自申请日起 2 个月内。

（6）发明涉及新的微生物、微生物学方法或者其产品，且使用物的微生物是公众不能得到的，保藏该微生物的日期：申请日前，最迟至申请日。

（7）提交上述微生物的保藏证明以及存活证明的期限：自申请日起 3 个月内。

（8）专利申请费缴纳期限：自申请日起 2 个月内。

（9）发明专利申请主动修改申请的期限：提出实质审查请求时及对第一次审查意见答复时。

（10）实用新型或外形设计专利申请主动修改申请的期限：自申请日起 3 个月内。

（11）发明专利早期公布的期限：自申请日起（或优先权日起）3 年内。

（12）发明专利申请请求实质审查的期限：自申请日起（或优先权日起）3 年内。

（13）发明专利申请缴纳维持费的期限：自申请日起满两年，从第 3 年起，每年缴纳。

（14）提出分案申请的期限：原案授权通知发出前。

（15）提出行政复议的期限：接到专利局通知后 15 天内。

（16）依据细则第七条，请求恢复权利的期限：自接到通知后 2 个月内。

（17）申请人请求复审期限：自收到驳回决定后 3 个月内。

（18）申请人对复审不服，向法院起诉期限：自收到复审决定 3 个月内。

（19）办理专利登记手续的期限：自接到通知 2 个月内。

（20）发明专利权期限：1993 年以前的申请自申请日起 15 年，1993 年以后的申请自申请日起 20 年。

（21）实用新型或外观设计专利权期限：1993 年以前的申请自申请日起 5 年，可以续展 3 年，1993 年以后的申请自申请日起 10 年。

（22）申请维持费、年费滞纳期限：自到期或届满起 6 个月内。

（23）专利许可合同或转让合同向专利局备案期限：自合同生效起 3 个月内。

（24）侵犯专利权的诉讼时效：自专利权人应当知道发生侵权行为起 2 年内。

（25）请求对专利实行强制许可的期限：自颁证日起 3 年后。

（26）专利权人对强制许可或其费用决定不服，向法院起诉的期限：自收到决定起 3 个月内。

（27）对侵权行为处理决定不服，向法院起诉期限：自收到决定起 3 个月。

19. 签订代理委托书时应注意哪些事项？

当企业不能按照专利局的规定办理专利申请等各种专利事项时，可以委托专利代理机构办理有关事项。专利代理是指由他人代为将当事人的发明创造向专利局申请专利或代为办理当事人其他专利事务。

专利代理是一种委托代理，它是指专利代理机构受一方当事人的委托，委派具有专利代理人资格的、在专利局正式授权的专利代理机构中工作的人员作为委托代理人，在委托权限内，以委托人的名义，按照专利法的规定向专利局办理专利申请或其他专利事务所进行的民事法律行为。专利代理人资格是经特定考核后取得的，任何其他机构和个人无权接受委托，不能从事专利代理工作。专利代理机构可以承办专利咨询；代写专利申请文件；办理专利申请；请求实质审查或者复审的有关事务；宣告专利权无效等有关事务；办理专利权的转让，解决专利申请权、专利权归属纠纷等事务。

企业在签订代理委托书时，应当注意写明代理权限为全程代理还是半程代理。半程代理即所代理的专利申请授权后，代理机构不再为申请人服务。这时申请人应当主动向专利局提交著录项目变更申报书，变更代理机构。同时提交辞去代理的声明以及缴纳相应手续费 50 元。全权全程代理是指代理人根据被代理人的委托对一件专利申请从提出申请到授权、年费的缴纳等全部专利程序进行代理的代理关系。全程委托的不存在变更申报书和变更代理机构的问题。

国家知识产权局网站上提供了专利代理机构的查询服务：

http://app.sipo.gov.cn:8080/sipoagency/AgencyList.jsp

20. 专利请求书的撰写有哪些要求？

专利请求书有 3 种，分别是发明专利请求书、实用新型专利请求书以及外观设计专利请求书。它们的栏目和填写要求基本相同。在填写上面所列 3 种请求书时，都应当按照专利法及其实施细则的规定，在专利局统一制定的表格上打字或印刷。

以发明专利请求书为例，请求书中需要填写以下内容：

（1）请求书第 1、2、3、4、5、21 栏由专利局填写。

（2）请求书第 6、13 栏发明名称应简短、准确，一般不得超过 25 个字。

（3）请求书第 7 栏发明人应当是个人。发明人有两个以上的应先自左向右、再自上而下依次填写。发明人可以请求专利局不公布其姓名。如提出不公布姓名，应当在此栏所填写的相应发明人后面加括号并注明"不公布姓名"。

（4）请求书第 8 栏申请人是单位的，应填写单位正式全称，并与所使用的公章上的单位名称一致。申请人是个人的，应填写本人真实姓名，不得使用笔名或其他非正式的姓名。申请人为多个，又未委托专利代理机构，除在请求书中另有声明以外，以请求书中指明的第一署名申请人为代表人。第一署名申请人是单位的，应填写单位代码；第一署名申请人是个人的，应填写个人身份证号码。

（5）请求书第 9 栏，未委托专利代理机构的，指定的联系人是代替申请人接收专利局所发信函的收件人，申请人是单位且没有委托专利代理机构的，应当填写联系人，其他情形下可以不填写联系人，联系人只能填写一人，填写联系人的，还需要同时填写联系人的通信地址、邮政编码和电话号码；请求书中未指明联系人的，第一署名申请人为收件人；申请人有两个以上（含两个）时，请求书中另有声明指定非第一署名申请人为代表人的，收件人为该代表人。

（6）申请人指定非第一署名申请人为代表人时，应在第 10 栏指明被确定的代表人。

代表人的权利：除直接涉及共有权利的手续外，代表人可以代表全体申请人办理在专利局的各种事务。

（7）请求书第 11 栏，申请人委托专利代理机构的，还应填写已在国家知识产权局注册的专利代理机构名称并注明注册代码。专利代理机构指定的代理人不得超过两人，同时注明专利代理人工作证的证书号码。

（8）申请人提出分案申请时，还应填写请求书第 12 栏。本申请为再次分案申请的，还应填写所针对的分案申请的申请号。

（9）申请涉及生物材料的发明专利，还应填写请求书第 14 栏，并提交生物材料样品保藏证明和存活证明。

（10）申请人要求外国或者本国优先权的，还应填写请求书第 15 栏。

（11）申请人要求不丧失新颖性宽限期的，还应填写请求书第 16 栏，自申请日起两个月内提交证明文件。

（12）申请人要求保密处理的，应填写请求书第 17 栏。

（13）申请人应当按实际提交的文件名称、份数、页数及权利要求项数正确填写请求书第 18、19 栏。请求书按 A4 纸型计算页数。专利局将按实收的文件数量逐项核实。

（14）申请人委托专利代理机构的，请求书第 20 栏应加盖专利代理机构公章。申请人未委托专利代理机构的，请求书第 20 栏应由全体申请人签字或盖章；申请人为单位的，应加盖单位公章。两份请求书中的申请人或专利代理机构的签字或盖章应当一致，不得为复印件。

（15）发明人、申请人、要求优先权声明的内容请求书填写不下时，应使用专利局统一制定的附页续写。

填写的相关栏目的注意事项可参阅《如何填写和撰写专利申请文件》，网址：http://wenku.baidu.com/view/02a95125af45b307e87197c0.html

专利申请过程中的相关表格可在国家知识产权局的网站上下载电子版：http://www.sipo.gov.cn/sipo/zlsq/zlsqbgxz/default.htm

21. 专利说明书的撰写有哪些要求？

（1）一般要求。

1）应清楚、完整地写明发明或实用新型的内容，不能隐瞒任何实质性的技术要点。

2）说明书中要保持用词一致性。要使用该技术领域通用的名词和术语。

3）使用国家计量部门规定的国际通用的计量单位。

4）说明书中可以有化学式、数学式，说明书的附图应当附在说明书后面。

5）不能使用商业性宣传用语、意义不确切的语言，以地点、人名等命名的名称，商标、产品广告、服务标志等。不允许有对他人或他人的发明创造加以诽谤或有意贬低的内容。

6）涉及外文技术文献或无统一译名的技术名词时要在译名后注明原文。

（2）说明书的结构和内容。发明或实用新型专利申请的说明书，除发明或实用新型项目本身的特殊情况需要以其他方式说明外，通常应当按照下列顺序和要求撰写。

1）发明和实用新型的名称，必须与请求书中的一致，应简洁、明确地表达发明或实用新型的主题。字数不超过 40 个字。摘要文字部分不得超过 300 个字。

2）发明或实用新型所属的技术领域。

3）对理解、检索和审查本发明创造用或有关的背景技术，并且引证反映这些背景技术的文件。客观地指出背景技术存在的问题或不足。

4）针对上面提到的背景技术存在的问题或不足，从正面说明发明要解决的技术问题。

5）清楚、简明地写出发明或实用新型的技术方案，使所属技术领域的普通技术人员能够理解该技术方案，并能够利用该技术方案解决所提出的技术问题。

6）发明或实用新型同现有技术相比所具有的优点、特点或积极效果。评价应当客观、公正，不应有意贬低现有技术。

7）如有必要，应有附图（实用新型必须有附图），并对每一幅图作介绍性说明。附图的大小应当保证该图缩小到 4cm×6cm 时仍能清晰地分辨出图中的各个细节。

8）详细描述申请人认为实施发明或实用新型的最好方式，列出与发明要点有关的参数及条件，有附图的应当对照附图加以说明，使独立权利要求中的每一个技术特征的内容明确并得到说明书的支持。

9）发明如果是涉及微生物方面的，申请文件中应当写明该微生物的特征和分类命名，并注明拉丁文名称。

22. 专利权利要求书的撰写有哪些要求？

《专利法》规定专利权的保护范围以被批准的权利要求内容为准。权利要求书是专门记载权利要求的文件，权利要求书撰写得好坏直接决定了专利保护的效果。企业在撰写权利要求书时需注意以下几点：

（1）权利要求书的一般要求。

1）权利要求书的文字书写、纸张要求与说明书相同，使用专利局的统一表格。

2）权利要求书是一个独立文件，应与说明书分开书写，单独编页。

3）权利要求书中使用的技术名词、术语应与说明书中一致。权利要求书中可以有化学式、数字式，但不能有插图。除绝对必要，不得引用说明书和附图。

4）权利要求应当说明发明或实用新型的技术特征，清楚、简要地表达请求保护的范围。其中的技术特征可以引用说明书附图中相应的附图标记。

5）权利要求分两种：从整体上反映发明或实用新型的技术方案，记载实现发明目的必不可少的技术特征的权利要求称为独立权利要求；引用独立权利要求或者别的权利要求，并用附加的技术特征对它们作进一步限定的权利要求称为从属权利要求。

6）一般情况下一件专利申请只有一项独立权利要求。每一个独立权利要求可以有若干个从属权利要求。有多项权利要求的应当用阿拉伯数字顺序编号。

（2）权利要求书的写法。一项权利要求要用一句话表达。发明或实用新型有两项以上独立权利要求的，则各自的从属权利要求应分别写在各独立权利要求之后。

独立权利要求一般应当分两部分撰写：前序部分、特征部分。

前序部分：写明发明或者实用新型要求保护的主题名称和该项发明或者实用新型与最接近的现有技术共有的必要技术特征。

特征部分：写明发明或者实用新型区别于现有技术的技术特征，这是权利要求的核心内容，这部分应紧接前序部分，用"其特征是……"等类似用语与上文连接。

独立权利要求的前序部分和特征部分应当包含发明的全部必要的技术特征，共同构成一个完整的技术解决方案，同时限定发明或实用新型的保护范围。

从属权利要求也应分两部分撰写：引用部分、限定部分。

引用部分：写明被引用的权利要求的编号及发明或实用新型主题名称。

限定部分：写明发明或者实用新型附加的技术特征。它们是对独立权利要求的补充以及对引用部分的技术特征的进一步的限定，也应当以"其特征是……"等类似用语连接上文。

从属权利要求的引用部分，只能引用排列在前的权利要求。同时引用两项以上权利要求时，只允许使用"或"连接，这样的权利要求称为多项从属权利要求。一项多项从属权利要求不能作为另一项从属权利要求的引用对象。

23. 绘制说明书附图应注意什么？

企业在提交专利说明书时，应按照《专利审查指南》第一部分第一章的相关规定提交附图，具体注意事项如下：

说明书附图应当使用包括计算机在内的制图工具和黑色墨水绘制，线条应当均匀清晰、足够深，不得着色和涂改，不得使用工程蓝图。

剖面图中的剖面线不得妨碍附图标记线和主线条的清楚识别。

几幅附图可以绘制在一张图纸上。一幅总体图可以绘制在几张图纸上，但应当保证每一张上的图都是独立的，而且当全部图纸组合起来构成一幅完整总体图时又不互相影响其清晰程度。附图的周围不得有与图无关的框线。附图总数在 2 幅以上的，应当使用阿拉伯数字顺序编号，并在编号前冠以"图"字，例如图 1、图 2。该编号应当标注在相应附图的正下方。

附图应当尽量竖向绘制在图纸上，彼此明显分开。当零件横向尺寸明显大于竖向尺寸必须水平布置时，应当将附图的顶部置于图纸的左边。一页图纸上有 2 幅以上的附图，且有一幅已经水平布置时，该页上其他附图也应当水平布置。

附图标记应当使用阿拉伯数字编号。说明书文字部分中未提及的附图标记不得在附图中出现，附图中未出现的附图标记不得在说明书文字部分中提及。申请文件中表示同一组成部分的附图标记应当一致。

附图的大小及清晰度，应当保证在该图缩小到三分之二时仍能清晰地分辨出图中各个细节，以能够满足复印、扫描的要求为准。

同一附图中应当采用相同比例绘制，为使其中某一组成部分清楚显示，可以另外增加一幅局部放大图。附图中除必需的词语外，不得含有其他注释。附图中的词语应当使用中文，必要时可以在其后的括号里注明原文。

流程图、框图应当作为附图，并应当在其框内给出必要的文字和符号。一般不得使用照片作为附图，但特殊情况下，可以使用照片贴在图纸上作为附图。

说明书附图应当用阿拉伯数字顺序编写页码。

24. 发明专利技术交底书应包含哪些内容？

技术交底书是发明人或申请人将即将申请专利的发明创造内容以书面形式提交给专利代理机构的参考文件，是企业帮助代理机构了解其发明创造的重要文件。其主要内容如下：

（1）发明或者实用新型的名称。名称应清楚、简明，采用本技术领域通用的技术名词，以清楚地反映和体现发明的主题以及发明的类型。

（2）所属技术领域。所属技术领域是指该发明创造直接所属或直接应用的技术领域。

（3）背景技术。背景技术记载申请人所知，且对理解、检索、审查该申请有参考作用的背景技术。一般至少要引证一篇与本申请最接近的现有技术文件，必要时可再引用几篇较接近的对比文件，它们可以是专利文件，也可以是非专利文件。

（4）发明目的。指发明或实用新型专利申请的技术方案要解决现有技术中存在的哪些问题。通常针对最接近的现有技术存在的问题结合本发明或实用新型取得的效果提出所要解决的任务。

（5）技术方案。这一部分是说明书的核心部分，这部分的描述应使所属技术领域的技术人员能够理解，并能达到发明或实用新型的目的。应清楚完整地写明技术方案，包括达到发明目的的全部必要技术特征。

（6）有益效果。这一部分应清楚、有根据地写明发明或实用新型与现有技术相比具有的有益效果。

（7）附图说明。附图是为了更直观表述发明或实用新型的内容，可采取多种绘图方式，以充分体现发明点之所在。

（8）最佳实施方式。这一部分通常可结合附图对本发明或实用新型的具体实施方式作进一步详细的说明，不应该理解为说明书内容的简单重复。其目的是使权利要求的每个技术特征具体化，从而使发明实施具体化，使发明或实用新型的可实施性得到充分支持。

25. 如何撰写外观设计简要说明？

简要说明用来对外观设计产品的设计要点、省略视图以及请求保护色彩等情况进行扼要的描述。简要说明不得使用商业性宣传用语，也不能用来说明产品的性能和结构。仅限下述情况可在简要说明中写明：

（1）外观设计产品的前后、左右或者上下相同或对称的情况，注明省略的视图。

（2）产品的状态是变化的情况。

（3）产品的透明部分。

（4）平面产品中的单元图案两方连续或四方连续等而无限定边界的情况。

（5）采用省略画法的细长物品的长度。

（6）用特殊材料制成的产品。

（7）请求保护的外观设计包含有色彩。

（8）新开发的产品的使用方法、用途或者功能。

（9）设计要点。

26. 申请人在专利审批各步骤有哪些注意事项？

依据《专利法》，发明专利申请的审批程序包括受理、初审、公布、实审以及授权五个阶段。实用新型或者外观设计专利申请在审批中不进行早期公布和实质审查，所以只有三个阶段。

● 专利申请初步审查阶段

专利申请受理阶段，按照规定缴纳申请费的，自动进入初审阶段。发明专利申请在初审前首先要进行保密审查，需要保密的应按保密程序处理。实用新型和外观设计专利申请在初审以前还应当给申请人留出 3 个月主动修改申请的时间。

2010 年修订的《专利法实施细则》第四十四条，规定了初步审查的审查项目。

初审程序中要对申请是否存在明显缺陷进行审查。

初审中还要对申请文件齐备及其格式是否符合要求进行审查。不合格的，专利局将通知申请人在规定的期限内补正或者陈述意见。企业在收到限期补正或陈述意见的通知后要及时答复，逾期不答复的申请将被视为撤回。经答复后仍未消除缺陷的，予以驳回。发明专利申请初审合格的，将发给初审合格通知书。实用新型和外观设计专利申请经初审未发现驳回理由的，将直接进入授权程序。

● 发明专利申请公布阶段

发明专利申请从发出初审合格通知书起就进入等待公布阶段。申请人请求提前公布的，则申请立即进入公布准备程序。大约在 3 个月后，在专利公报上公布并出版说明书单行本。没有提前公布请求的申请，在申请日起满 15 个月才进入公布准备程序；要求优先权的申请，从优先权日起满 15 个月进入公布准备程序。申请进入公布准备程序以后，申请人要求撤回专利申请的，申请仍然会在专利公报上予以公布。

申请公布以后，申请人就获得了临时保护的权利。申请人在专利审批过程中向专利局办理各种手续时应当采用申请号，不要使用公布号。

● 发明专利申请实质审查阶段

发明专利申请公布以后，如果申请人已经提出实质审查请求并已缴纳了实质审查费，申请将进入实审程序，专利局会发给申请人"进入实质审查阶段通知书"。企业需注意从申请日起满 3 年，未提出实审请求的或者实审请求未生效的，申请即被视为撤回。

进入实审程序的申请将按照进入实审程序的先后顺序等待实审。实审中，审查员认为不符合授权条件的，或者存在各种缺陷的，会通知申请人在规定的时间内陈述意见或进行修改。企业应在指定期限内答复的，如未答复，申请被视为撤回。过程中企业应保持与审查员的沟通，答复或修改后，仍不符合要求，申请会被驳回。

发明专利申请在实质审查中未发现驳回理由的，或者经申请人修改和陈述意见后消除了缺陷的，审查员将制作授权通知书，申请按规定进入授权准备阶段。

● 授权阶段

实用新型和外观设计专利申请经初步审查，发明专利申请经实质审查未发现驳回理由的，由审查员制作授权通知书，经复核，专利局发出授权通知书和办理登记手续通知书。

企业接到授权通知书和办理登记手续通知书以后，应当在 2 个月之内按照通知的要求办理登记手续。申请人办理登记手续时应缴纳相关费用。期满未缴纳费用的，视为未办理登记手续。未按规定办理登记手续的，或者逾期办理的，视为放弃取得专利权的权利。

专利权自专利公告之日起生效。

27. 申请人在专利审查程序中因哪些原因会被视为撤回？

审查程序中申请人可能遇到的主要手续中，有一部分是法律规定或者专利局指定申请人应当办理的申请审批手续，无正当理由不办理或者逾期办理的，申请将被视为撤回。这些手续主要有：提出实质审查请求、答复专利局的各种通知书。

（1）提出实质审查请求。只有当企业进行发明专利申请时需要办理这一手续。实审请求最晚应当在自申请日起 3 年之内提出，无正当理由逾期未提出的或者因手续不合格被视为未提出的，申请将被视为撤回。

提出实审请求的应当提交单独的实质审查请求书并缴纳实质审查费后才生效。提出实审请求后，自申请日起满 3 年，未缴纳实审费的或未缴足时，发出申请视为撤回的通知。

在实审过程中，专利局将对不符合要求的申请，将视情况发出实审请求视为未提出通知，并写明不合格原因。申请人收到实审请求视为未提出通知的，应当在自申请日起 3 年内重新提交符合要求的新的实审请求书。期满未补正或者补正仍不符合要求的，申请人将收到专利局视为未提出实质审查请求通知。实审请求经审查合格的，专利局将在专利公报上予以公布，在进入实质审查前，申请人会收到审查员发出的进入实质审查程序通知书。

申请人在提出实质审查请求的同时，应当提交申请日以前（要求优先权的在优先权日以前）与其发明有关的参考资料。无正当理由逾期不交的，该申请即被视为撤回。

在提出实审请求时以及在收到专利局发出的发明专利申请进入实质审查阶段通知书之日起的 3 个月内，申请人可以对发明专利申请主动提出修改。

（2）答复专利局的各种通知书。在初步审查或者实质审查程序中，审查员发现申请存在明显性缺陷、格式缺陷或者实质性缺陷时，会用补正通知书或者审查意见书的形式，通知申请人在指定的时间内对申请进行补正、修改或者对审查员指出的缺陷陈述意见。申请人对此必须答复，无正当理由不答复的，申请将被视为撤回。申请人答复时应当注意：

1）遵守答复期限。申请人应当注意审查员指定的期限，并按照通知书右上角专利局盖的发文日期章，推算出答复的最后日期。答复的最后日期 = 发文日期 +15 天 + 指定期限。申请人在期限内因故不能按期答复的，应当在期限届满前办理延长期限手续。

2）针对审查意见通知书提出的问题，分类逐条答复。漏答复某一方面或者某一条审查意见的，可能被视为未按期答复。答复可以表示同意审查员的意见，使用补正书，按照审查意见办理补正或者对申请进行修改；也可以不同意审查员的意见，使用意见陈述书，对此进行申辩和陈述申请人的意见及理由。

3）属于格式或者手续方面的缺陷，一般可以通过补正消除缺陷；明显性缺陷一般难以通过补正或者修改消除，多数情况下只能就是否存在和属于明显性缺陷进行申辩和陈述意见。

4）对发明或者实用新型专利申请的补正或者修改均不得超出原说明书和权利要求书记载的范围，对外观设计专利申请的修改不得超出原图片或者照片表示的范围。

5）答复应当按照规定的格式提交文件。补正内容，除在补正书上填明补正情况外，还应当提交替换页，装订在意见陈述书后面。

28. 专利审查程序中哪些手续会被视为未提出处理？

在专利审查程序中，申请人可以依据法律规定，视需要单方面的选择办理相关的请求手续。这一类手续如果不符合要求，专利局可作出手续视为未提出处理，一般不会涉及申请本身。这些手续主要有：要求提前公布请求、对申请文件的主动修改和补正、著录项目变更申报和延长期限请求。

（1）请求提前公布是申请人可以视情况选择的一项手续，只适用于发明专利申请。

发明专利申请按正常程序应当在申请日以后满18个月才予以公布。公布以后申请人可以获得临时保护的权利，申请的内容将成为现有技术的一部分。申请人出于下列种种考虑，可以请求提前公布其申请：

1）为了尽快将发明推向市场，寻找合适的买方，需要尽早公布发明内容。

2）为了制止他人无偿利用其申请专利的发明，需要及早获得临时保护。

3）在提出实审请求以前，获得一段尽可能长的时间来听取市场和公众的意见，以便确定是否提出实审请求。

4）通过请求提前公布其发明专利申请的内容，防止他人就类似发明获得专利。

申请人请求提前公布的应当提交"要求提前公布声明"一式两份，并写明要求提前公布申请的申请号、发明名称和其他必要的著录项目。要求提前公布声明应当有申请人签章，委托专利代理的可以由专利代理机构签章，多个申请人又未委托专利代理的，可以由申请人代表人签章。申请人提出提前公布声明不能附有任何条件。

提前公开声明经审查合格，专利局将在申请文件初审合格以后立即进入公布准备程序。此时申请人要求撤销提前公开的，申请人要求撤销提前公开的请求被视为未提出，申请文件照常公开。

（2）对申请文件的主动修改和补正也是申请人可以视需要选择的一项手续。

申请文件存在各种缺陷时，申请人可以主动提出补正或者在实施细则规定的时间内主动提出修改。补正主要是对申请存在的形式或格式上的缺陷或者手续上的缺陷进行补正。

实用新型和外观设计专利申请只允许在申请日起 3 个月内，提出主动修改；发明专利申请仅允许在提出实审请求时以及在收到专利局发出的发明专利申请进入实质审查阶段通知书之日起的 3 个月内和答复审查员的第一次审查意见书时，可以对申请文件进行主动修改。在上述规定期限之外提出的主动修改，专利局将作出视为未提出的处理。

对请求书的修改要通过专门的著录项目变更手续进行，不能按照这里所说的主动修改的手续办理。

对权利要求书的修改应当以说明书为依据。申请人可以修改权利要求的前序部分，也可以修改其特征部分，使其更准确地与发明内容相适应或更符合逻辑。为了使专利申请符合单一性的要求或加强保护，申请人也可以增删权利要求书中的权利要求。

对说明书的修改一般来说主要限于非实质性的部分。这些部分可以根据说明书实质部分的内容作修改，使其与发明主题更适合，使公众与审查员更容易理解发明。对说明书实质部分即发明目的、技术解决方案、效果和实施案例的修改一般是不允许的。

对外观设计图片或者照片的修改，只限于对不清晰的线条描清，涂覆不能予以保护的文字，或对视图的明显差错和不一致进行改正。

任何主动修改或补正都不得超出原申请记载或表示的范围。主动修改或补正能否被接受由审查员决定。

29. 提交实审请求需要哪些材料？

根据《专利法》第三十六条第一款的规定："发明专利的申请人请求实质审查时，应当提交在申请日前与其发明有关的参考资料。"这些参考资料主要是指发明人在完成发明过程中所参考的与其发明相关的技术资料，包括专利文献、科技书籍、专利技术报刊等。申请人可以选择其中与发明关系最为密切的资料送交国家知识产权局。

该条第二款规定："发明专利已经在外国提出过申请的，专利局可以要求申请人在指定期限内提交该国为审查其申请进行检索的资料或者审查结果的资料；无正当理由逾期不提交的，该申请即被视为撤回。"该条款中，检索的资料是指有关国家的专利局和地区的专利局对该申请进行检索所做出的检索报告，以及PCT条约国际局公布的对国际申请做出的国际检索报告。审查结果的资料是指有关国家和地区的专利局对该申请所做出的结论性意见，如外国专利局做出的审查意见通知书、授予专利权的决定、驳回该专利申请的决定等。

发明人作出某一发明创造时，如果没有参考任何资料，提供不出背景材料，可以通过递交意见陈述书的形式，向审查员解释清楚。

30. 实质审查的处理结果及流程是什么？

发明专利申请公布以后，如果申请人已经提出实质审查请求并已生效的，申请人进入实审程序。如果申请人从申请日起满一年还未提出实审请求，或者实审请求未生效的，申请被视为撤回。

在实审期间将对专利申请是否具有新颖性、创造性、实用性以及专利法规定的其他实质性条件进行全面审查。经审查认为不符合授权条件的或者存在各种缺陷的，将通知申请人在规定的时间内陈述意见或进行修改，逾期不答复的，申请被视为撤回，经多次答复申请仍不符合要求的，予以驳回。实审周期较长，若从申请日起两年内尚未授权，从第三年应当每年缴纳申请维持费，逾期不缴的，申请将被视为撤回。

实质审查中未发现驳回理由的，将按规定进入授权程序。

31. 申请专利的发明创造在什么情况下不丧失新颖性？

国家知识产权局2010年颁布的《专利审查指南》对申请专利的发明创造不丧失新颖性的情形和需要提交的证明材料作了具体规定。

根据《专利法》第二十四条的规定，申请专利的发明创造在申请日（享有优先权的指优先权日）之前6个月内有下列情况之一的，不丧失新颖性。

（1）在中国政府主办或者承认的国际展览会上首次展出。中国政府主办的国际展览会，包括国务院、各部委主办或者国务院批准由其他机关或者地方政府举办的国际展览会。中国政府承认的国际展览会，是指国际展览会公约规定的由国际展览局注册或者认可的国际展览会。所谓国际展览会，即展出的展品除了举办国的产品以外，还应当有来自外国的展品。

（2）在规定的学术会议或者技术会议上首次发表。规定的学术会议或者技术会议，是指国务院有关主管部门或者全国性学术团体组织召开的学术会议或者技术会议，不包括省以下或者受国务院各部委或者全国性学术团体委托或者以其名义组织召开的学术会议或者技术会议。在后者所述的会议上的公开将导致丧失新颖性，除非这些会议本身有保密约定。

（3）他人未经申请人同意而泄露其内容。他人未经申请人同意而泄露其内容所造成的公开，包括他人未遵守明示或者默示的保密信约而将发明创造的内容公开，也包括他人用威胁、欺诈或者间谍活动等手段从发明人或者申请人那里得知发明创造的内容而后造成的公开。

32. 申请专利的发明创造不丧失新颖性需要提交何种证明材料？

（1）申请专利的发明创造在申请日以前6个月内在中国政府主办或者承认的国际展览会上首次展出过，申请人要求不丧失新颖性宽限期的，应当在提出申请时在请求书中声明，并在自申请日起两个月内提交证明材料。国际展览会的证明材料，应当由展览会主办单位出具。证明材料中应当注明展览会展出日期、地点、展览会的名称以及该发明创造展出的日期、形式和内容，并加盖公章。

（2）申请专利的发明创造在申请日以前6个月内在规定的学术会议或者技术会议上首次发表过，申请人要求不丧失新颖性宽限期的，应当在提出申请时在请求书中声明，并在自申请日起两个月内提交证明材料。学术会议和技术会议的证明材料，应当由国务院有关主管部门或者组织会议的全国性学术团体出具。证明材料中应当注明会议召开的日期、地点、会议的名称以及该发明创造发表的日期、形式和内容，并加盖公章。

（3）申请专利的发明创造在申请日以前6个月内他人未经申请人同意而泄露了其内容，若申请人在申请日前已获知，应当在提出专利申请时在请求书中声明，并在自申请日起两个月内提交证明材料。若申请人在申请日以后得知的，应当在得知情况后两个月内提出要求不丧失新颖性宽限期的声明，并附具证明材料。审查员认为必要时，可以要求申请人在指定期限内提交证明材料。申请人提交的关于他人泄露申请内容的证明材料，应当注明泄露日期、泄露方式、泄露的内容，并由证明人签字或者盖章。申请人要求享有不丧失新颖性宽限期但不符合上述规定的，审查员应当发出视为未要求不丧失新颖性宽限期的通知书。

33. 实质审查程序中对权利要求书允许的修改有哪些？

（1）在独立权利要求中增加技术特征，增加了技术特征的独立权利要求所述的技术方案已清楚地记载在原说明书和／或权利要求书中。

（2）变更独立权利要求中的技术特征，变更了技术特征的独立权利要求所述的技术方案已清楚地记载在原说明书和／或权利要求书中。

（3）变更独立权利要求的主题类型、主题名称及相应的技术特征，变更后的独立权利要求所述的技术方案已清楚地记载在原说明书中。

（4）删除一项或多项权利要求。

（5）将独立权利要求相对于最接近的现有技术正确划界。

（6）修改从属权利要求的引用部分，改正引用关系上的错误。

（7）修改从属权利要求的限定部分，清楚地限定该从属权利要求的保护范围。

34. 实质审查程序中对专利说明书允许的修改有哪些？

（1）修改发明名称，使其准确、简明地反映要求保护的主题。

（2）依照该发明在国际专利分类表中的分类位置修改发明所属技术领域。

（3）修改背景技术部分，使其与要求保护的主题相适应。

（4）修改发明内容部分中与该发明所解决的技术问题有关的内容，修改后的内容应在原说明书中有记载或者能从原说明书记载的内容直接导出。

（5）修改发明内容部分中与该发明技术方案有关的内容，使其与独立权利要求请求保护的主题相适应。

（6）在某些技术特征已在原始申请文件中清楚地公开，其有益效果没有被清楚地提及，但所属技术领域的技术人员可以直接地、毫无困难地从原始申请文件中推断出这种效果，允许修改发明内容部分中与该发明的有益效果有关的内容。

（7）修改附图说明。申请文件中有附图，但缺少附图说明的，允许补充所缺的附图说明；附图说明不清楚的，允许根据上下文作出合适的修改。

（8）修改最佳实施方式或者实施案例。允许增加的内容仅限于补入原实施方式或者实施案例中具体内容的出处以及已公开的反映发明的有益效果数据的标准测量方法。如果由检索结果得知原申请要求保护的部分主题已成为现有技术的一部分，则申请人应当将反映这部分主题的内容删除，或者明确写明其为现有技术。

（9）修改附图。删除附图中不必要的词语和注释；修改附图中的标记使之与说明书文字部分相一致；在文字说明清楚的情况下，允许增加局部放大图；修改附图的阿拉伯数字编号。

（10）修改摘要。通过修改使摘要写明发明的名称和所述技术领域，清楚地反映所要解决的技术问题、解决该问题的技术方案的要点以及主要用途；删除商业性宣传用语；更换摘要附图，使其最能反映发明技术方案的主要技术特征。

（11）修改由所属技术领域的技术人员能够识别出的明显错误，即语法、文字和打印错误。对这些错误的修改必须是所属技术领域的技术人员能从说明书的整体及上下文看出的唯一的正确答案。

35. 实质审查程序中对申请文件的修改有哪些方式？

（1）提交替换页。根据《专利法实施细则》第五十二条的规定："发明或者实用新型专利申请的说明书或者权利要求书的修改部分，除个别文字修改或者增删外，应当按照规定格式提交替换页。外观设计专利申请的图片或者照片的修改，应当按照规定提交替换页。"替换页的提交有两种方式：

1）提交重新打印的替换页和修改对照表。这种方式适用于修改内容较多的说明书、权利要求书以及所有作了修改的附图。申请人在提交替换页的同时，要递交一份修改前后的对照明细表。

2）提交重新打印的替换页和在原文复制件作出修改的对照页。这种方式适用于修改内容较少的说明书和权利要求书。申请人在提交重新打印的替换页的同时递交直接在原文复制件上修改的对照页，使审查员更容易察觉修改的内容。

申请人提交的替换页应当一式两份。

（2）审查员代为修改。通常，对申请的修改必须由申请人以正式文件的形式提出。对于申请文件中个别文字、标记的修改或者增删及对发明名称或者摘要的明显错误，审查员可以依职权予以修改，并通知申请人。

36. 专利申请中不允许文件修改的情形有哪些？

作为一个原则，凡是对说明书（及其附图）和权利要求书，作出不符合《专利法》第三十三条规定的修改，均是不允许的。

（1）不允许的增加。

1）增加的内容不能从原说明书（包括附图）和 / 或权利要求书中直接明确认定；

2）增加的内容既不能从原说明书（包括附图）和 / 或权利要求书中直接明确地导出，也不能由所属技术领域技术人员的常识直接获得；

3）增加的内容是通过测量附图得出的尺寸参数技术特征；

4）引入原申请文件中未提及的附加组分，导致出现原申请没有的特殊效果；

5）补入了所属技术领域的技术人员不能直接从原始申请中导出的有益效果；

6）补入实验数据以说明发明的有益效果，和 / 或补入实施方式和实施例以说明在权利要求请求保护的范围内发明能够实施；

7）增补原说明书中未提及的附图，一般是不允许的；但增补背景技术的附图，或者将原附图中的公知技术附图更换为最接近现有技术的附图除外。

（2）不允许的改变。

1）改变权利要求中的技术特征，超出了原权利要求书和说明书记载的范围；

2）由不明确的内容改成明确具体的内容而引入原申请文件中没有的新的内容；

3）将原申请中分开的几个分离的特征，改变成一种新的组合，而原申请没有明确提及这些分离的特征彼此间的关联；

4）改变说明书中的某些特征，使改变后反映的技术内容完全不同于原申请公开的内容或者超出了原说明书和权利要求书记载的范围。

（3）不允许的删除。

1）从独立权利要求中删除在原说明书中始终作为发明的必要技术特征加以描述的那些技术特征；从权利要求中删除一个与说明书公开的技术方案有关的技术术语；从权利要求中删除在说明书中明确认定的关于具体应用范围的技术特征。

2）从说明书中删除某些内容而导致修改后的说明书超出了原说明书和权利要求书记载的范围。

37. 专利复审要经历怎样的流程？

（1）专利复审程序是专利申请被驳回时，给予申请人的一条救济途径。在专利申请被驳回的 3 个月内，申请人提出专利复审请求。专利复审委员会对复审请求进行受理和审查，并作出决定。专利复审申请提出后要经历形式审查、专利复审前置审查、专利复审委员会审查、维持驳回决定或撤销驳回决定、驳回不服司法救济程序的流程。复审程序启动的主体是专利申请人，只有专利申请人才有资格提起复审请求。

（2）专利复审委员会经过形式审查受理复审请求启动复审程序后，首先将复审请求书（包括附具的证明文件和修改后的申请文件）连同原申请案卷一并送交作出驳回申请决定的原审查部门进行前置审查。原审查部门应当向专利复审委员会提出"前置审查意见书"。原审查部门在前置审查意见中同意撤销原驳回决定的，专利复审委员会直接作出撤销原驳回决定的复审决定，通知复审请求人，并且由原审查部门继续进行审批。原审查部门在前置审查意见中坚持原驳回决定的，专利复审委员会成立合议组进行审查。

（3）合议组经审查后作出复审决定，并通知请求人。复审决定有两大类，一种是撤销原驳回决定。专利申请将恢复到作出驳回决定前的状态，国务院专利行政部门继续进行审查程序。另一种是维持原驳回决定。在这种情况下，专利申请人对专利复审委员会作出的维持原驳回决定不服的，可以在法定期限内进入后续司法救济程序。

（4）专利申请人对专利复审委员会作出的复审决定不服的，可以自收到通知之日起 3 个月内向人民法院起诉。专利申请人未在规定的期限内起诉的，复审决定生效。专利申请人向法院起诉的，根据法院管辖权的相关规定，由北京市第一中级人民法院受理。根据法律规定，专利复审委员会作为被告参加诉讼。

38. 对专利复审决定不服的救济有哪些?

《专利法》第四十六条第二款规定了当事人对专利复审委员会的复审决定不服的司法救济程序。即请求人和专利权人收到专利复审委员会的审查决定通知后，如果对专利复审委员会所作出的决定不服，可以在收到通知之日起 3 个月内，以专利复审委员会为被告向人民法院提起诉讼。由于人民法院对案件的处理结果与无效宣告请求程序的对方当事人有利害关系，人民法院应依法通知无效宣告请求程序的对方当事人作为第三人参加诉讼。即如果是提出无效宣告请求的人对专利复审委员会作出的复审决定不服向法院起诉的，人民法院应当通知专利权人作为第三人参加诉讼；如果是专利权人对专利复审委员会作出的宣告专利权无效或部分无效的决定不服向法院起诉的，人民法院应当通知提出无效宣告请求的当事人作为第三人参加诉讼。如果当事人在规定的时间内没有起诉的，专利复审委员会的审查决定即发生效力。

《最高人民法院关于审理专利纠纷案件适用法律问题的若干规定》（2001 年6 月 19 日）：

第二条　专利纠纷第一审案件，由各省、自治区、直辖市人民政府所在地的中级人民法院和最高人民法院指定的中级人民法院管辖。

第三条　当事人对专利复审委员会于 2001 年 7 月 1 日以后作出的关于实用新型、外观设计专利权撤销请求复审决定不服向人民法院起诉的，人民法院不予受理。

第四条　当事人对专利复审委员会于 2001 年 7 月 1 日以后作出的关于维持驳回实用新型、外观设计专利申请的复审决定，或者关于实用新型、外观设计专利权无效宣告请求的决定不服向人民法院起诉的，人民法院应当受理。

39. 哪些情况下不会被授予专利权?

《专利法》第五条、第二十二条、第二十三条、第二十五条规定了发明创造不会被授予专利权的情况。

《专利法》第五条规定：对违反法律、社会公德或者妨害公共利益的发明创造，不授予专利权。对违反法律、行政法规的规定获取或者利用遗传资源，并依赖该遗传资源完成的发明创造，不授予专利权。

《专利法实施细则》第十条规定：专利法第五条所称违反法律的发明创造，不包括仅其实施为法律所禁止的发明创造。

《专利法》第二十二条规定：具备新颖性、创造性和实用性是授予发明和实用新型专利权的实质性条件。

《专利法》第二十三条规定：授予专利权的外观设计，应当同申请日以前在国内外出版物上公开发表过或者国内公开使用过的外观设计不相同和不相近似，并不得与他人在先取得的合法权利相冲突。这是授予外观设计专利权的实质性条件。

《专利法》第二十五条规定：对下列各项，不授予专利权：①科学发现；②智力活动的规则和方法；③疾病的诊断和治疗方法；④动物和植物品种；⑤用原子核变换方法获得的物质；⑥对平面印刷品的图案、色彩或者二者的结合作出的主要起标识作用的设计。

40. 申请过程中申请人哪些行为会被视为放弃专利权？

（1）专利局作出授予专利权的通知后，申请人在规定期限之内未办理登记手续的，视为放弃取得专利权的权利。专利局会在期满后一个月内向申请人作出通知，并指明恢复权利的法律程序。自该通知发出之日起四个月期满，专利局未收到恢复权利请求的，专利申请案卷将被转入失效案卷库。

（2）对于发明专利申请，在将专利申请案卷转入失效案卷库前，在专利公报上公告该发明专利申请视为放弃取得专利权。

（3）对于实用新型和外观设计专利申请，申请人未缴纳或未缴足专利登记费、公告印刷费和授权当年年费的，或者对于发明专利申请，申请人未缴纳或未缴足专利登记费、公告印刷费、授权当年年费和除授权当年外各年度申请维持费的，视为未办理登记手续。申请人已缴纳上述费用但未缴纳专利证书印花税的，无法领到专利证书，但专利权授予的登记和公告程序照常进行，待补缴专利证书印花税后专利证书将补发给申请人。

三、企业国际专利申请实务

41. 如何在多个国家保护同一项发明?

（1）多个国家保护同一项发明。

1）可以同时向希望使该项发明获得保护的所有国家逐个提交专利申请;

2）可以向《巴黎公约》的一个成员国提交专利申请，然后在首次提交专利申请之日起 12 个月之内分别向《巴黎公约》其他成员国提交专利申请，从而在所有其他成员国享有首次申请的申请日;

3）可以提交一份 PCT 申请，更加简单、便捷，更具成本效益。

（2）专利合作条约（PCT）。专利合作条约（PCT）是一部由巴黎公约 120 多个成员国缔结的，并由世界知识产权组织（WIPO）管理的国际条约。通过 PCT，申请人只要提交 1 件国际专利申请，即可在为数众多的国家中的每一个国家，同时要求对发明进行专利保护。专利授权仍由国家或地区专利局在国家阶段负责。

PCT 程序可以概括为包括以下步骤:

1）提交申请:根据 PCT 的形式要求，以一种语言提交一份国际申请，并支付一套费用;

2）国际检索:由国际检索单位（ISA）（世界主要专利局之一）对已公布的文献进行检索，查找可能对申请人的发明有无可能被授予专利权的问题产生影响的文件，并对申请人的发明有无可能被授予专利权的问题发表意见;

3）国际公布:国际申请中的内容将于最早的申请日起 18 个月到期之后，

尽早公布；

4）国际初步审查：国际初步审查单位（IPEA）（世界主要专利局之一）根据申请人的请求，通常对修改后的申请书进行有无可能获得专利的补充分析；

5）国家阶段：PCT 程序完成之后，申请人开始直接向其申请获得专利的各国的国家（或地区）专利局要求授予专利权。

42. PCT 申请对企业申请人有哪些好处？

PCT 程序对申请人、专利局和普通公众都有巨大好处。

（1）与不使用 PCT 相比，申请人可以至少多 18 个月的时间，考虑是否值得在外国寻求保护、在国外每一个国家指定当地代理人、安排必要的翻译以及支付国家费用。

（2）国际申请只要符合 PCT 规定的形式要求，任何 PCT 缔约国的专利局在受理该申请的国家阶段中都不会以形式方面的理由予以驳回。

（3）以国际检索报告和书面意见为依据，申请人可以对其发明有无机会被授予专利权作出有一定把握的评价。

（4）在任选的国际初步审查阶段，申请人可以对国际申请作出修改，从而在各不同专利局受理申请前使之符合要求。

（5）对于申请人而言，国际公布让全世界周知申请人提出的申请，因此可以作为进行广告宣传和寻求潜在被许可人的一个有效的手段。

世界上各大公司、研究机构和大学希望国际上进行专利保护时，都使用 PCT。中小型企业和发明者个人同样如此。《PCT 通讯》（参见 www.wipo.int/pct/en/newslett/index.jsp）每年都刊登提交 PCT 申请最多的用户名单。

43. 提交和处理 PCT 国际申请需要多少费用？

PCT 申请人提交国际申请时通常须缴纳 3 种费用。

（1）国际申请费：1330 瑞士法郎，超出 30 页部分，每页加收 15 瑞士法郎。

（2）检索费：视选定的国际检索单位，为 180~1900 美元不等。

（3）小额转送费，各受理局的数额会有所不同，国家知识产权局收取人民币 500 元。

由于国际专利申请对 PCT 所有缔约国均有效，申请人不需要支付单独向所有这些国家提出申请时应当支付的费用；而只需向 PCT 受理局支付提交国际专利申请的一套单一的费用。这些费用涵盖国际专利申请的提交、检索和公布，而且可以使用受理局接受的货币或多种货币之一支付。

进入国家阶段之后，申请人需要支付的费用主要为授权前费用。其中可包括申请的翻译费、国家（或地区）局的申请费以及聘用当地专利代理人的费用。在一些国家局，提交国际专利申请需缴纳的国家申请费要低于直接提交国家申请的费用。企业还需牢记，对于所有已授权的专利，无论是否通过 PCT 获得的，都需要向各个国家缴纳维持费，以保证专利权始终有效。

国家知识产权局 PCT 申请的收费标准：

http://www.sipo.gov.cn/zlsqzn/sqq/zlfy/200804/t20080422_390292.html

44. PCT 国际申请费用有哪些减缴政策？

PCT 国际申请费用表

编　号	费用名称	数　额
1	国际申请费	1330 瑞士法郎，外加国际申请超出 30 页部分的每页 15 瑞士法郎
2	补充检索手续费	200 瑞士法郎
3	手续费	200 瑞士法郎

PCT 国际申请费用的减缴政策包括[①]：

（1）如果国际申请的提交按照行政规程的规定，国际申请费按照以下数额减少：

（a）电子形式，请求书没有使用字符码格式：100 瑞士法郎；

（b）电子形式，请求书使用字符码格式：200 瑞士法郎；

（c）电子形式，请求书、说明书、权利要求书以及摘要使用字符码格式：300 瑞士法郎。

（2）国际申请由以下申请人提交的，项目 1 的国际申请费（适用的情况

---

① 引自《专利合作条约（PCT）实施细则》，国际专利合作联盟（PCT 联盟）大会第 46 次（第 27 次特别）会议（2014 年 9 月 22 日至 30 日）2014 年 9 月 30 日通过，2015 年 7 月 1 日起生效。

下，按照项目 4 减少）、项目 2 的补充检索手续费和项目 3 的手续费减少 90%：

（a）是自然人，并且是名单上所列的一个国家的国民和居民，该国人均国内生产总值低于 25000 美元（依据联合国发布的以 2005 年不变美元价值计算的最近十年平均人均国内生产总值数字），并且依据国际局发布的最近五年的年平均申请数字，该国属于自然人的国民和居民每年提交的国际申请少于 10 件（每百万人口），或每年提交的国际申请少于 50 件（按绝对数）。

（b）无论是否自然人，申请人是名单上所列的一个国家的国民和居民，该国被联合国确定为最不发达国家。

但如果有多个申请人，则每一申请人都需满足（a）或（b）项的条件。5（a）和 5（b）3 项所指的国家名单应由总干事根据大会下达的指示，至少每五年更新一次。5（a）和 5（b）项中所列的标准应由大会至少每五年审查一次。

45. 什么是国际检索报告？

国际检索报告中主要列出可能对国际申请中的发明可否被授予专利权产生影响的已发表专利文献和技术刊物文章参考书目清单。国际检索单位除提出检索报告之外，还撰写提供一份关于能否获得专利权的书面意见，对申请人的发明有无可能被授予专利权的问题进行详细的分析。国际检索报告和书面意见，国际检索单位将在国际专利申请提交之后第四个月或第五个月之前，提供给申请人。

国际检索报告能让申请人了解是否有机会在 PCT 缔约国获得专利。如果国际检索报告对申请人有利，即所列文献似乎不会阻碍专利授权，那么将有助于申请人进一步对希望给予保护的各个国家进行申请程序。如果检索报告对申请人不利，那么申请人将有机会对国际专利申请中的权利要求书加以修改，并有机会要求予以公布，或在公布前要求撤回申请。高质量的国际检索，被成功推翻的机会很小，从而为帮助作出投资决定提供宝贵的意见。

对于 2004 年 1 月 1 日之后提交的每一件国际申请，国际检索单位除提供国际检索报告外，还会一并向申请人提供一份书面意见，就所涉发明根据检索报告的结果是否符合授予专利权的标准问题，提出初步的、不具约束力的意见。该书面意见中专门提及国际申请中的具体内容，有助于申请人理解检索报告的结论,对希望了解有无机会获得专利,且不愿意额外缴纳国际初步审查费用的申请人有特殊意义。

申请人可以针对该书面意见向 WIPO 提交非正式看法,即使不进行国际初步审查,也有机会对书面意见中的理由和结论作出回应。

如果申请人不要求进行国际初步审查,国际检索单位的书面意见将构成关于专利性问题的国际初步报告的依据,国际局将把该国际初步报告连同所收到的任何非正式看法,一起通知希望收到此种报告的所有 PCT 缔约国的专利局。如果申请人要求进行国际初步审查,在一般情况下,国际初步审查单位将利用国际检索单位的书面意见作为本单位的初步书面意见。

46. 什么是国际初步审查?

国际初步审查是对发明有无可能被授予专利权进行的第二次评价,所使用的标准与国际检索单位据以撰写书面意见的标准相同。如果申请人希望修改国际申请,以克服因国际检索报告中所列文献以及国际检索单位书面意见中所下结论带来的障碍,那么国际初步审查便为申请人在进入国家阶段之前,积极参与审查程序并争取对审查员的结论产生潜在影响,提供了唯一的可能性——申请人可以提出修改意见和理由,而且有权与审查员面谈。这一程序结束之后,将提出一份关于专利性问题的国际初步报告。负责进行国际初步审查的国际初步审查单位(IPEAs),即是国际检索单位。对于某一具体的国际专利申请,可能存在一个以上主管的国际初步审查;在此方面,申请人本国的 PCT 受理局可以提供详细情况,申请人也可查阅《PCT 申请人指南》(http://www.wipo.int/pct/en/appguide/index.jsp,英文版)。

关于专利性问题的国际初步报告将提供给申请人,同时抄送 WIPO,并由 WIPO 转送要求收到该报告的缔约国的专利局;报告内容是关于所检索的每一项权利要求是否符合国际专利性标准的意见。报告为申请人提供了据以了解获得专利授权机会的更强有力的依据,如果报告中提出有利的意见,则申请人继续在国家和地区专利局进行申请程序便有了更强有力的依据。专利授权的决定仍由国家阶段中的每一个国家局或地区局负责;各该局对国际初步审查报告会当加以考虑,但并不受其约束。

47. 怎样查找关于 PCT 的更多资料?

在国际公布（优先权日之后 18 个月）之前，未经申请人请求或授权，任何第三方均不得查阅申请人的国际专利申请。如果申请人希望撤回申请（而且是在国际公布前要求撤回），则不进行国际公布，因此第三方不得以任何形式查阅。然而，一旦进行国际公布，国际申请文档中的若干文件便将与公布的国际申请一起以电子形式公之于众，参见 PCT 在线文档检查（http://www.wipo.int/patentscope/en/database/search-adv.jsp），而且第三方还可以要求提供国际申请文档中的大多数其他文件的副本（参见 PCT 细则第 94 条）；根据有关文件的性质，此种要求既可向 WIPO 提出，亦可向国家局或地区局提出。如果符合一定条件，第三方还可以查阅国际检索单位撰写的书面意见，其中包括申请人提交的任何非正式看法，以及国际初步审查报告。

有关 PCT 的更多资料，可以通过 PCT 网站和各种 PCT 出版物进行查询。

WIPO 官方网站上公布了 PCT 的相关资源。中文版索引页网址：

http://www.wipo.int/pct/zh/

有关 PCT 的信息也可从各种 PCT 出版物查到：

（1）《PCT 申请人指南》（http://www.wipo.int/pct/guide/en/index.html）；

（2）《PCT 通讯》（月刊）（http://www.wipo.int/pct/en/newslett/index.jsp）；

（3）《PCT 公报》（周刊）（http://www.wipo.int/pct/en/gazette/）。

同时可以向本国的合格专利律师或代理人，和 / 或向所在国家或地区的专利局咨询。

48. 国际申请如何进入国家阶段?

申请人作出在哪些国家继续进行国际申请程序的决定之后，必须满足进入国家阶段的要求。这些要求包括：缴纳国家费，提供申请的译文。对大多数 PCT 缔约国专利局而言，这些步骤必须在优先权日起 30 个月到期之前完成，在缴纳宽限费的前提下，可享受最多 2 个月的宽限期。在进入国家阶段方面，可能还有一些如指定当地代理人等其他要求。关于进入国家阶段的更多一般性信息，可查阅《PCT 申请人指南》第二卷；关于费用以及国家要求的具体信息，可查阅该《PCT 申请人指南》中关于每一个 PCT 缔约国的国家章节。

一旦进入国家阶段，有关的国家或地区专利局将启动决定是否对申请人进行专利授权的程序。PCT 国际检索报告和书面意见可以让申请人甚至在国家程序启动之前即对申请中的权利要求作出必要的修改。国际初步审查程序允许作出进一步修改，并对能否被授予专利权的问题加以评估。由于国际受理阶段所完成的工作，在每一个主管局一般不再重复，申请人可以节约用于函件、邮资和翻译等其他方面的费用。

49. 进入指定局或选定局的国家阶段申请人需提交哪些文件？

向选定局的国际初审报告及其附件传送由国际局完成，选定局无权向申请人要求提交国际初审报告及其译文。

选定局可以要求申请人提交国际初审报告附件的译文。申请人如果愿意，可以在国家阶段就国际初审报告的内容向选定局提出意见（参见 PCT 申请人指南第一卷第 405 段）。

PCT 细则第 51 条之二列举了有关进入国家阶段应当提交的文件，指定局或者选定局可以依据 PCT 条约第 27 条要求申请人提供。一般而言，某些指定局或者选定局就国际申请进入国家阶段的特殊要求，在 PCT 申请人指南第二卷相应国家篇的概要中说明。概要中指明有关局将通知申请人遵守的要求，以及指明在不作任何通知的情况下申请人必须遵守要求的期限。值得注意的是，涉及每一个指定局或选定局国家篇中的相关内容都经过其确认，并且任何通知国际局的变化都将尽快在 PCT 网站上和 PCT 申请人指南下一批的更新页中公布。

除非申请人要求提前进入国家阶段，通常在进入指定局或选定局国家阶段时，并不要求提供某些文件；国家阶段代理人可能希望得到上述文件的副本以在国际申请的国家阶段更好地帮助申请人。

四、企业专利信息检索实务

50. 专利公告包含哪些内容?

申请人向国务院专利行政部门递交专利申请，国务院专利行政部门受理后并定期予以公告，公告的主要内容有:

（1）专利申请中记载的著录事项;

（2）发明或者实用新型说明书的摘要、外观设计的图片或者照片及其简要说明;

（3）发明专利申请的实质审查请求和国务院专利行政部门对发明创造申请进行实质审查的决定;

（4）保密专利的解密;

（5）发明专利申请公布后驳回、撤回和视为撤回;

（6）专利权的授予;

（7）专利权的无效宣告;

（8）专利权的终止;

（9）专利申请权的转移;

（10）专利权的转移;

（11）专利实施许可合同的备案;

（12）专利实施强制许可合同的给予;

（13）专利申请的恢复;

（14）专利权的恢复;

（15）专利权的质押、保全、解除；

（16）专利权人的姓名或者名称、地址的变更；

（17）对申请人地址不明的通知；

（18）国务院专利行政部门作出的更正；

（19）其他有关事项。

有关发明或者实用新型说明书及其附图、权利要求书不在国务院专利行政部门定期出版的专利公布、公告中公布或者公告，而由国务院专利行政部门另行全文出版。

51. 专利法律状态信息有哪些？

专利法律状态是指在某一特定时间点，某项专利申请或授权专利在某一或某些特定国家或地区的权利类型、权利维持、权利范围、权利归属等状态，这些状态将直接影响专利权的存在与否以及专利权权利范围的大小。

企业在引进某项专利时，不仅应该考虑引进专利的技术水平，同时应该核实专利技术保护的地域范围，确定该项专利是否仅在专利技术输出国受到法律保护、是否在专利技术输入国受到法律保护，以及还在哪些其他国家受到法律保护。专利法律状态检索是指对一项专利或专利申请当前所处的状态进行的检索，其目的是了解专利申请是否授权，授权专利是否有效，专利权人是否变更，以及与专利法律状态相关的信息。

通常专利法律状态检索所获得的信息包括：专利权有效、专利权有效期届满、专利申请尚未授权、专利申请撤回、专利申请被驳回、专利权终止、专利权无效、专利权转移等内容。

52. 什么是专利信息检索？

专利信息检索是指从事专利文献工作的人们在长期的工作实践中概括出来的一种特指查找专利资料活动的术语。简单地说专利信息检索就是有关专利信息的查找。专利信息检索是一项复杂的工作，是由多种因素构成的，如：检索系统、检索方式、检索入口、检索种类、检索目的、检索范围以及检索经验等，这些因素共同制约着专利信息检索的过程，直接影响着专利信息检索的结果。

53. 什么时候需要专利信息检索?

（1）开发新产品前检索。世界上的新技术、新发明90%以上记载在专利文献中，在研究开发工作的各个环节中注意运用专利文献，经常查阅专利文献，不仅能提高研究开发的起点，可以缩短研究时间，节省研究费用。世界上许多大公司、大企业在新技术、新产品的开发全过程中，都毫无例外地注意充分利用专利文献。在最新最高的起点上确立科研课题，避免重复研究开发和有限科技资源的浪费。

（2）申请前检索。据统计，目前我国90%以上的实用新型专利，在申请前是没有进行相关文献检索的，这导致大量实用新型专利重复授权，大大降低了实用新型专利的保护力度。专利检索，一项新发明在申请之前，申请人或其他代理人最好进行专利检索，以便更清楚地了解该发明是否具有新颖性和创造性，从而对是否申请专利做出决策。侵权检索，任何一个单位和个人在从事新课题研究之前，应当查询专利文献，了解是否具有侵权的危险，避免盲目研究。

（3）出口前检索。企业向国外出口新产品时，也应该检索专利文献，判断是否会造成侵权。当一个企业被控告侵犯他人专利权时，也应当对有关的专利文献进行检索，判断是否真的侵权，广泛进行专利文献检索，力求找出相关的专利文献，请求该专利无效，从而摆脱被控侵权的险境。

（4）在引进技术前检索。在技术引进工作中，对拟引进的技术和设备，应通过专利文献了解有关技术的先进程度，是哪个年代的水平，是否申请了专利，专利权是否有效等。在引进技术和出口产品时，亦进行专利审查，防止上当受骗、低水平和重复引进；鼓励企业采取知识产权保护，现行的国际通用做法，向产品输出国申请专利，保障"引进来""走出去"发展战略的顺利实施。

54. 专利检索有哪些类型?

（1）可专利性检索。查检一项发明是否已在过去的专利中揭露，判断申请专利的发明创造是否具有新颖性，查找对比文献，其应用范围包括专利审查、申请专利和专利无效。

（2）专利技术信息检索。探析一项技术的最新研发情况。专利技术信息检索包括追溯检索和定题检索。追溯检索是指查找检索日之前公布的世界范围的某一技术主题的所有专利文献；定题检索在追溯检索的基础上，定期跟踪追溯检索日之后公布的世界范围的该技术主题的专利文献。其应用范围包括课题立项、科研攻关、行业分析和企业决策。

（3）专利法律状态检索。通过检索确定某一专利或专利申请目前状态。其应用范围包括技术贸易、产品出口和侵权诉讼。

（4）专利发明人／让受人检索。探析哪个国家有哪个人或是哪家公司握有那项专利。

（5）专利族检索。探析相同发明在世界各国的专利保护情况。同一发明在不同国家申请的专利结集在一起，就称为专利族。通常将第一个申请的专利称为基准专利，其后陆续在其他国申请的专利则称为相等专利。一个基准专利在其他国家申请时的相等专利可能不止一个。专利族群检索可以用来判断该专利的价值，也可以选择自己熟悉语文的专利说明书阅读，更可以清楚了解一项专利在各国所请求的专利范围有何差异。

（6）专利引用检索。显示最新专利引用了哪些过去的专利，可以追踪一项技术或产品的研发情况。通过专利引用检索可以追踪每件专利的谱系，帮助研发人员掌握每件专利引用了哪些先前的专利，专利出版之后又被哪些后续的专利所引用。专利引用信息可以充分显示一项专利的影响力，可以作为研发绩效评估、技术移转和授权的参考。

55. 检索专利文献可以向企业提供哪些方面的信息？

专利文献是世界上有专利制度的国家公布有关专利申请和专利的文件，其中包括对申请专利的技术内容有详细描述的专利说明书。一般专利文献中公布的技术内容比科技杂志等出版物要早 2～3 年。

通过专利文献的检索，企业或发明者可获得的帮助包括：

（1）了解国内外某领域科研最新动态，以避免重复投资、研究，提高科研的起点，启发研究思路；

（2）了解同行或竞争对手的专利技术储备情况和法律状态，以避免侵犯他人专利；

（3）初步判断欲申请专利的发明创造是否有授予专利权的前景，以帮助企业或发明者决定是否提出专利申请；

（4）了解某项技术内容的先进程度、专利保护状况以及相近技术的专利保护情况，以判断该技术的价值，在该技术转让或许可的谈判中掌握主动；

（5）了解欲出口产品在某进口国是否可能侵犯他人在该国的专利权，以避免引发相关的侵权诉讼；

（6）了解某项专利的新颖性和创造性，为判断该专利权的有效性提供信息，以及其他有用的信息。

56. 利用专利检索的结果可对企业经营活动产生怎样的影响？

专利检索的作用，可将所得到的专利技术情报用来判断其他企业的经营方向、技术水平、市场布局，从而制定正确的应对策略，知己知彼是商场竞争制胜的关键。一般而言，专利检索可以帮助研发人员和企业，追踪技术发展动向，策划研究方向和拟定市场竞争策略。另外，有效率地搜集最新的专利资讯，有助于掌握目前相关技术的发展情况，并可参考他人的研究成果来缩短研发时间、减少研发经费投入，也能进行回避设计以避免侵犯他人的专利权。

具体而言，专利检索对研发人员和企业可以产生下列效益：

（1）掌握市场发展趋势。凭借获得的专利技术，可进一步掌握市场发展趋势。

（2）参考既有技术。参考既有的技术可减少经费与时间的重复投入，将资源转为投入更深入的研究或取得其他厂商的技术授权。

（3）做市场划分。依据竞争对手所取得的专利技术，做好市场划分以避免与其正面冲突。

（4）回避设计。当发现正在研发中的产品，已被其他竞争对手领先取得专利，可及时修改现有产品的设计以避免侵权。

（5）专利战争。当本身拥有重要专利时，经过检索确认竞争对手没有相关专利后，便可使用专利侵权诉讼以干扰其公司运作。另外，当本身有被控侵权的情况发生时，通过搜集相关的专利资讯，可作为撤销主要竞争对手专利权的重要证据，以避免损失。

57. 有哪些免费国外专利文献检索系统?

（1）美国专利商标局专利检索系统（http：//www.uspto.gov/）

由专利授权和专利申请公开两个数据库组成。专利授权数据库收录 1790 年至最近一周公布的全部授权专利文献，提供快速检索、高级检索和专利号检索途径。专利申请公开数据库收录 2001 年以来公布的专利申请公开文献，提供快速检索、高级检索和公开号检索途径。点击专利名称可免费浏览全文。

（2）欧洲专利局专利检索系统（http：//ep.espacenet.com/；http://www.epoline.org/）

可同时检索欧洲专利局及美国、PCT 等 50 多个国家和专利组织的专利，免费浏览 20 多个国家的专利全文。提供快速检索、高级检索、专利号检索和专利分类号检索途径。快速检索提供一个检索框，检索项为标题或摘要、人名或机构名。高级检索提供包括标题词在内的 10 个检索项，各检索项之间为逻辑"与"的关系。单个检索项内可输入多个检索词，各词间可进行逻辑组配，点击专利名称可免费浏览全文。

（3）日本专利信息检索系统（http://www.jpo.go.jp/；http://www.ipdl.inpit.go.jp/）

日本特许厅将自 1885 年以来公布的所有日本专利、实用新型和外观设计电子文献收录在网站上的工业产权数字图书馆（Industrial Property Digital Library，IPDL）中。IPDL 包含若干不同的数据库，其收录范围、检索界面、检索功能各有不同。IPDL 设有英文和日文两种文字的版面，英文版提供专利与实用新型公报数据库、专利与实用新型号码对照数据库、日本专利英文文摘数据库、外观设计公报数据库、FI/F-term 检索以及专利分类地图导航 6 个数据库；日文版内容更为丰富，提供公报文本检索数据库、外国公报 DB、审查书类情报检索、号码检索数据库、范围指定检索、最终处分照会、复审信息检索。

58. 国内专利审查时使用到的检索资料有哪些?

检索用专利文献，发明专利申请实质审查程序中的检索，主要在检索用专利文献中进行。检索用专利文献主要包括：电子形式（机检数据库和光盘）的多国专利文献；纸件形式的、按国际专利分类号排列的审查用检索文档和按流水号排列的各国专利文献；缩微胶片形式的各国专利文献。

专利局的电子形式的专利文献主要包括：中国发明专利申请公开说明书、中国发明专利说明书、中国实用新型专利说明书、欧洲专利申请公开说明书、专利合作条约的国际专利申请公开说明书、美国专利说明书、日本专利申请公开说明书和日本实用新型专利说明书及多国专利分类文摘等。专利局的纸件形式的专利文献主要包括：中国发明专利申请公开说明书、中国发明专利说明书、中国实用新型专利说明书、美国专利说明书、欧洲专利申请公开说明书、专利合作条约的国际专利申请公开说明书及多国专利分类文摘等。

检索用非专利文献。审查员除在专利文献中进行检索外，还查阅检索用非专利文献。检索用非专利文献主要包括：电子或纸件等形式的国内外科技图书、期刊、索引工具及手册等。

59. 如何请求实用新型专利和外观设计专利的专利权评价报告？

根据《专利法》第六十一条第二款、《专利法实施细则》第五十六条第一款对实用新型专利和外观设计专利的专利权评价报告作出了规定。

（1）专利权评价报告请求的客体。专利权评价报告请求的客体应当是已经授权公告的实用新型专利或者外观设计专利，包括已经终止或者放弃的实用新型专利或者外观设计专利。未授权公告的实用新型专利申请或者外观设计专利申请、已被宣告全部无效的实用新型专利或者外观设计专利、已作出专利权评价报告的实用新型专利或者外观设计专利不可作为请求的客体。

（2）请求人资格。根据《专利法实施细则》第五十六条第一款的规定，专利权人或者利害关系人可以请求国家知识产权局作出专利权评价报告。其中，利害关系人是指有权根据《专利法》第六十条的规定就专利侵权纠纷向人民法院起诉或者请求管理专利工作的部门处理的人，如专利实施独占许可合同的被许可人和由专利权人授予起诉权的专利实施普通许可合同的被许可人。实用新型或者外观设计专利权属于多个专利权人共有的，请求人可以是部分专利权人。

（3）专利权评价报告请求书。在请求作出专利权评价报告时，请求人应当提交专利权评价报告请求书及相关的文件。

1）专利权评价报告请求书应当采用国家知识产权局规定的表格；

2）请求书中应当指明专利权评价报告所针对的文本；

3）请求人是利害关系人的，在提出专利权评价报告请求的同时应当提交相关证明文件。

专利权评价报告请求书不符合上述规定的，请求人会收到国家知识产权局在指定期限内补正的通知。

60. 中国专利信息的检索方法和免费检索系统有哪些？

● 中国专利信息检索方法

（1）手工检索。

1）分类检索，可利用中国专利公报或中国专利分类索引进行分类检索，步骤都是先确定国际专利分类号，然后浏览相关文摘或索引；

2）申请人、专利权人检索；

3）号码检索，检索人应根据不同的查询目的，使用不同的号码。

（2）计算机检索。

应选择各种不同的中国专利检索数据库系统，使用字段、通配、一般逻辑组配、邻词、共存、范围、跨字段逻辑组配等检索方法，根据不同的检索目的使用不同的检索策略进行各种中国专利信息的检索。

（3）中国专利法律状态检索。

1）利用专利公报查询法律状态。

2）利用中国专利局登记簿查询法律状态。

● 免费的中国专利检索系统

中国国家知识产权局网站（http://www.sipo.gov.cn/）

中国专利文献数据库网（http://www.cnpat.com.cn/）

中国专利信息网（http://www.patent.com.cn/）

中国知识产权网（http://www.cnipr.com/）

61. 企业技术进出口中应如何检索与利用专利信息？

技术引进是世界各国为加速本国科技发展所采取的有效措施。一般来说，技术引进过程中涉及专利申请权转让、专利权转让、专利实施许可几种方式。

（1）在技术进出口过程中，企业对专利信息应用的主要关注点。

1）通过检索专利时间和地域有效性信息核查专利是否有效，以防止遭遇专利欺诈；

2）核实授权方是否为合法权利人，以及国内外有无相同技术在其之前获得专利权，以规避潜在的专利侵权风险；

3）检索分析该专利技术方案在国内外所处水平及实施的可能性，以合理评估技术的价值。

（2）企业开展专利检索中应当注意的问题。

1）具体核查法律状态，防止遭遇专利欺诈。专利权具有时间性和地域性特征。所谓时间性，即各国专利法对专利的保护是有一定期限的，专利技术超出保护期限会造成专利权的失效。不仅如此，没有按期交纳年费、未缴纳专利证书费、专利权人以书面声明放弃或专利权被全部无效宣告同样会造成专利的失效。所谓地域性，根据一国或地区的知识产权法所取得的知识产权的效力只限于本国境内，如在中国未申请专利的外国专利技术，若已过了优先权期限，可以免费拿来使用而不必支付使用费，其前提是利用该技术所生产的产品必须在国内或该技术不享有专利权的国家销售。通过检索专利族及其法律状态可以了解被引进的专利在全球的分布。

2）检索合法权利人和相同技术，规避潜在的侵权风险。专利权具有专有性。但专利权可以通过转让获得，《专利法实施细则》第八十九条规定，专利申请权、专利权的转移必须在专利登记簿上登记。只有通过查看专利登记簿才能确定最新的专利权人。如果忽略这一点而导致从非专利权人手上引进了专利，势必造成潜在的侵权。我国专利法对于专利的审查采用两种审查制度。发明专利要经过实质审查才能授权，发明专利的法律状态较为稳定。而对于实用新型和外观设计的专利申请，在经过形式审查后，没有发现驳回理由的就予以授权，有可能已有相同技术在其之前获得授权，在引进时须注意。

3）检索专利信息，合理评估技术价值。在完成专利法律状态核查和侵权检索之后，受让方可通过检索国内外相关技术并进行分析对比，进一步考察引进技术的水平、是否完整转让情况，把握引进技术的先进性和可实施性等，以便正确估量技术标的价值。技术链上往往牵扯到若干专利，如果授权方只转让、许可受让方使用某项专利技术而不转让、许可使用技术链上的其他相关专利技术，或者把关键点作为技术秘密保留，则可能使得受让方依此专利生产出的产品在质量和性能指标上达不到预期效果。

五、企业专利保护、维权与
法律支持实务

62. 专利权的无效宣告需要履行怎样的程序?

为了维护公众的利益, 使专利权只保护那些真正应当保护的发明创造, 专利法规定: 自专利局公告授予专利权之日起满 6 个月后, 任何单位或者个人认为该专利的授予不符合专利法有关规定的, 都可以向专利复审委员会请求宣告该专利权无效。

请求宣告专利权无效或者部分无效的, 应当按规定缴纳费用, 提交无效宣告请求书一式两份, 填明请求宣告无效的专利名称、专利号并写明依据的事实和理由, 附上必要的证据。专利复审委员会把文件副本送交专利权人, 要求专利权人在指定期限答复, 答复时可以修改专利文件, 但修改不得扩大原专利保护范围。专利权人不答复的不影响审理进行。专利复审委员会对无效请求所作出的决定任何一方如有不服的, 可以在收到通知之日起 3 个月内向人民法院起诉。复审委员会对实用新型或外观设计专利权无效请求所作出的决定为终局决定。

专利局在决定发生法律效力以后予以登记和公告。宣告无效的专利权视为自始即不存在。宣告专利权无效的决定, 对已经执行的侵权处理或已经履行的合同不具追溯力。但专利权人恶意造成他人损失的应给予赔偿, 显失公平的返回部分或全部费用。

63. 专利无效答辩和专利无效程序中的意见陈述与补正有哪些注意事项?

（1）专利无效答辩。《专利法》规定，自国务院专利行政部门公告授予专利权之日起，任何单位或者个人认为该专利权的授予不符合专利法有关规定的，可以请求专利复审委员会宣告该专利权无效。由此而启动的法律程序叫"专利权无效宣告程序"。进入专利权无效宣告程序后，专利权人需亲自或委托专利代理机构对提出无效的理由深入分析，寻找证据，进行无效答辩，答辩质量将直接影响专利权的有无，一旦答辩失败，专利权即会被宣告无效，根据《专利法》第四十七条第一款，宣告无效的专利权视为自始即不存在，即任何人未经允许实施该项技术的行为都不构成侵权。

（2）意见陈述的步骤。在向专利局陈述意见时，如答复审查意见通知书、办理退款手续、查询邮路等，此时可进行意见陈述，用于与审查员进行沟通。其办理手续是，提交意见陈述书以及必要的附件。其中意见陈述书应当采用国家知识产权局专利局统一印制的表格。附件根据办理的具体事务不同而有所不同，例如在答复审查意见通知书时，附件可以是修改文件替换页；在办理退款手续时，附件应是缴费收据。

（3）补正的步骤。在主动修改或按照补正通知书的要求进行修改时，应办理补正手续：提交补正书一式一份、修改后的替换页一式两份。其中补正书应当采用国家知识产权局专利局统一印制的表格。

64. 专利无效宣告请求的理由有哪些?

无效宣告请求的理由，是指被授予专利的发明创造有下列情况之一：

（1）被授予专利权的发明专利或实用新型专利申请不具有新颖性、创造性或实用性；

（2）被授予专利权的外观设计专利申请为现有设计、不具有明显区别或与在先取得的合法权利相冲突；

（3）被授予专利权的发明专利或实用新型专利不是新的技术方案，被授予专利权外观设计专利申请不具有美感或者非新设计；

（4）被授予专利权的发明专利或实用新型专利没有经过保密审查即向外国申请专利；

（5）被授予专利权的发明专利或实用新型专利的申请文件不清楚、不完整、不能实现，权利要求书没有以说明书为依据，不清楚、不简要；

（6）被授予专利权的外观设计专利没有清楚显示要求保护的产品；

（7）对专利申请文件的修改超出原始申请文件记载的范围；

（8）独立权利要求没有从整体上反映发明专利或实用新型的技术方案，记载解决技术问题的必要技术特征；

（9）分案申请的文件超出原申请记载的范围；

（10）发明专利创造违反国家法律、社会公德或妨害公共利益；

（11）不属于专利权授权的范围，违反《专利法》第二十五条的规定。申请人提出的申请专利权无效宣告请示，专利申请复审委员会受理后，申请人从受理之日起一个月内还可以补充、修改、增加证据，超出规定的一个月期间提供新的证据或对原提供的证据作修改、补充的，专利申请复审委员会可不予考虑。

65. 我国专利权的保护范围如何？

专利权的保护范围是指发明、实用新型和外观设计专利权的法律效力所及的范围。专利权是一种无形财产权，由法律明确规定专利权的保护范围，划清专利侵权与非侵权的界限，既有利于依法充分保护专利权人的合法权益，又可以避免不适当地扩大专利保护的范围，损害专利权人以外的社会公众的利益。

发明或者实用新型专利权的保护范围：发明或者实用新型专利权的保护范围"以其权利要求的内容为准，说明书及附图可以用于解释权利要求"，是指专利权的保护范围应当以权利要求书中明确记载的必要技术特征所确定的范围为准，也包括与该必要技术特征相等同的特征所确定的范围。等同特征是指与所记载的技术特征以基本相同的手段，实现基本相同的功能，达到基本相同的效果，并且本领域的普通技术人员无需经过创造性劳动就能够联想到的特征。包括两层含义：

（1）一项发明创造专利权的保护范围，需以其权利要求为准，即以由专利申请人提出的并经国务院专利行政主管部门批准的权利要求书中所记载的权利要求为准，不小于也不得超出权利要求书中所记载的权利要求的范围。

（2）说明书及附图对权利要求具有解释的功能，可以作为解释权利要求的依据。但是，相对权利要求而言，说明书及附图只具有从属的地位，不能单以其作为发明或者实用新型专利权保护的基本依据，基本依据只能是权利要求书。

外观设计专利权的保护范围，"以表示在图片或者照片中的该外观设计专利产品为准"。这一规定表明，外观设计专利权的保护范围，以体现该产品外观设计的图片或者照片为基本依据。需要说明的是，外观设计专利权所保护的"表示在图片或者照片中的该外观设计专利产品"的范围，应当是同类产品的范围；不是同类产品，即使外观设计相同，也不能认为是侵犯了专利权。

66. 我国专利权的保护方式有哪些？

《专利法》第十一条规定了对授权后专利的保护。在整个专利权期限内不同阶段，发明创造的保护具有不同的内涵，表现为不同的保护形式。

（1）保密保护阶段。对于发明专利，自专利申请日起至申请公布日，对于实用新型和外观设计专利，自专利申请日起至专利权公告生效之日为保密保护阶段。

在这个阶段，专利申请人仅仅是提出了专利申请，该申请并没有公开，最终是否能够得到专利权，还须经过专利机关的审查才能确定。因此，在被授予专利权之前，专利申请人尚不具有专利权，无权禁止他人实施其发明创造，也无权对他人的行为提出侵权诉讼。在此阶段，申请人应加强保密工作，如有必要，应与相关人员签订保密合同，以作为日后解决可能产生的纠纷的法律依据。

（2）临时保护阶段。专利审查制度的特点决定了临时保护阶段为发明专利所独有，即《专利法》第十三条规定："发明专利申请公布后，申请人可以要求实施其发明的单位或者个人支付适当的费用。"临时保护措施是对发明专利的一段特殊时期的一种特殊保护，它的前提条件是该发明专利申请最终被授予专利权。如果该发明专利申请没有被授权，任何单位或个人按照该技术方案实施，都不能认为是侵犯申请人的专利权，也就谈不上对申请人给予特殊保护。所以，临时保护申请的提出，应以发明专利权的授予为前提，在专利权授予前，申请人暂不能提出临时保护的申请。但是，申请人可将实施人的有关实施证据保留或申请公证机关进行证据保全公证，等到申请被授予专利权后，再要求实施人依法支付专利法规定的临时保护期使用费。

（3）授权保护阶段即独占实施阶段。专利申请被授权后，专利申请人成为专利权人，可以完整地行使《专利法》第十一条赋予专利权人禁止他人未经其许可实施其专利的权利。发现侵权行为，专利权人可依法向有管辖权的法院起诉，要求停止侵权、赔偿损失等。

67. 什么是优先权？如何要求优先权？

优先权原则源自 1883 年签订的《保护工业产权巴黎公约》（以下简称《巴黎公约》），目的是便于缔约国国民在其本国提出专利或者商标申请后向其他缔约国提出申请。

优先权是指申请人在一个缔约国第一次提出申请后，可以在一定期限内就同一主题向其他缔约国申请保护，其在后申请可在某些方面被视为是在第一次申请的申请日提出的。换句话说，在一定期限内，申请人提出的在后申请与其他人在其首次申请日之后就同一主题所提出的申请相比，享有优先的地位，这就是优先权一词的由来。

《巴黎公约》规定，发明和实用新型的优先权期限是 12 个月，外观设计的优先权期限是 6 个月。首次提出专利申请的日期即为优先权日。

《专利法》第二十九条、第三十条对要求优先权原则进行了规定。

申请人要求优先权的，应当在申请的时候提出书面声明，写明在先申请的申请日、申请号和受理该申请的国家。如果在先申请是地区申请或者国际申请，还应当写明受理申请的国家专利局或者政府间组织的名称。申请人要求外国优先权的，应当提交经受理申请的国家的受理机关证明的在先申请文件副本；申请人要求本国优先权的，按规定应当提交专利局证明的在先申请文件副本。申请时未提出要求优先权的书面声明，或者在 3 个月内未提交在外国第一次提出专利申请文件的副本的，视为未要求优先权。

68. 我国申请优先权需要履行哪些手续?

申请人应当在书面声明中写明第一次专利申请(首次申请)的申请日、申请号和受理该申请的国家。如果首次申请是向国际间组织,例如欧洲专利局、PCT 国际局提出的专利申请,还应当写明受理其申请的国际间组织名称。书面声明中未写明首次申请的申请号、申请日及其受理国家的,视为未提出声明。应当注意的是,根据本条规定,优先权要求必须在申请的同时提出。提出专利申请时未提出要求优先权的书面声明的,其后果是视为未要求优先权。

要求优先权的第二个手续是应当在申请日起 3 个月内提交在先申请文件的副本。申请文件包括请求书、说明书(含附图)、权利要求书以及外观设计的图片或照片等。要求外国优先权的,申请人应当提交经该外国受理机关证明的在先申请文件副本。由于申请文件是外文的,国家知识产权局认为必要时可以要求申请人在指定的期限内提交中文译文。如果申请人没有在指定期限内提交在先申请文件副本,视为未要求优先权。申请人未按照国家知识产权局的要求在指定的期限内提交在先申请的中文译文的,视为未提交该申请文件,其结果也是视为未要求优先权。要求本国优先权的,按规定申请人也应当提交在先申请文件的副本,但由于国家知识产权局已经存有在先申请文件,所以其副本可以由国家知识产权局制作,直接放入在后申请的文档中。

69. 什么是专利申请本国优先权?

本国优先权是指申请人在本国提出首次申请后,在一定期限内就相同主题在本国再次提出申请的,可以享有首次申请的优先权。本国优先权的适用范围限于发明和实用新型专利申请。外观设计专利申请不能产生本国优先权。本国优先权在优先权期限、申请人要求优先权的资格、优先权要求成立的条件等方面与外国优先权相同。

(1)在先申请有下列情形之一的,不得作为本国优先权的基础。

1)已经享受过外国或本国优先权的,不得作为要求本国优先权的基础;

2)已经被批准授予专利权的,不得作为要求本国优先权的基础,其目的是避免重复授权;

3）属于按照规定提出的分案申请的，不得作为要求本国优先权的基础。

（2）本国优先权可为申请人带来的便利。

1）在符合单一性要求的条件下申请人可以通过要求本国优先权，将若干在先申请合并在一份在后申请中，从而减少以后需要缴纳的专利年费，达到节约开支的目的。

2）申请人可以在优先权期限内实现发明和实用新型专利申请互相转换。

（3）申请人可以利用本国优先权制度延长保护期限。申请人也可以在首次申请后，在优先权期限行将届满前，重新提出一个与首次申请完全一致的申请，要求首次申请的优先权，从而实际上起到将其专利权的保护期延长1年的作用。

在要求本国优先权的在后专利申请中，申请人可以增加、补充首次申请中所不包括的内容，但是如果要求保护含有新增加内容的技术方案，也就是在某项权利要求中写入新增加的技术特征，则该项权利要求不能享受优先权，只能以其实际申请日为准。对于新增加的内容来说，在后申请与申请人另行提交一份普通的专利申请没有什么不同。所以，当我们说利用本国优先权可以补充完善首次申请时，其意义仅仅在于允许在后申请的说明书中写入新的内容。当然，即使如此，以这种方式要求本国优先权对于申请人来说仍可能是具有某种价值的。

70. 什么是专利国际申请优先权？

专利国际申请优先权，是指专利申请人就其发明创造的成果第一次在居住国以外的国家提出专利申请，在专利法规定的专利期限内，又就同一主题的发明创造向居住国外的另一个国家提出专利申请，依照有关国家法律的规定，可享有的优先权。

《专利法》第二十九条规定："申请人自发明或者实用新型在外国第一次提出专利申请之日起十二个月内，或者自外观设计在外国第一次提出专利申请之日起六个月内，又在中国就相同主题提出专利申请的，依照该外国同中国签订的协议或者共同参与的国际条约，或者依照互相承认优先权的原则，可以享有优先权。"

《专利法》第三十条规定："申请要求优先权的，应当在申请的时候提出书面声明，并且在 3 个月内提交第一次提出专利申请文件的副本，未提出书面声明或者逾期未提交专利申请文件副本的，视为未要求优先权。"

（1）申请人提出书面声明应包括以下内容。

1）第一次提出申请专利的申请日；

2）申请专利的申请号；

3）第一次提出专利申请的国家。

申请人应按专利法规定的在 3 个月内提交第一次申请时提交的文件的副本，该副本应由第一次申请的国家的专利行政机构制作。

（2）申请国际优先权的申请人在中国没有经常居所或者经营场所，按《专利法实施细则》第三十三条规定提交要求的文件："在中国没有经常居住所或经营场所的申请人，申请专利时或者要求外国优先权的，国务院专利行政部门认为必要时，可以要求其提供下列文件。

1）国籍证明；

2）申请人是企业或者其他组织的，其营业所或者总部所在地的证明文件；

3）申请人的所属国、承认中国单位和个人可以按照该国民的同等条件，在该国享有专利权、优先权和其他与专利有关的权利的证明文件。"

71. 外国优先权的先申请原则的适用范围如何？

作为外国优先权基础的在先申请必须是针对相同主题提出的第一次申请，即首次申请。该"第一次申请"并不是绝对的，按照《巴黎公约》的规定，在满足下列条件的情况下，在后提出的申请也可以被视为第一次申请：

（1）后来的申请与第一次申请针对的是相同的主题。

（2）第一次申请未交给公众阅览，未遗留任何权利问题，而且在后来的申请提出之前已经放弃、撤回或者被驳回。

（3）第一次申请没有成为要求外国优先权的基础。作为外国优先权基础的在先申请必须是正规的国家申请，即该申请是按照受理国专利法的规定提交，并被正式受理，给予了申请日。只要符合这一条件，则与该申请随后的法律状态无关。至于该申请是否已在该国被授予专利权，或者是否已经撤回、驳回、分案或视为撤回，并不影响该申请作为正规的申请产生优先权的效力。

作为优先权基础的在先申请的类型要符合一定的要求。发明可以与实用新型互换，实用新型与外观设计只能单向转换。

72. 合作完成或接受委托完成的发明创造申请专利的权利归属应如何确定？

两个以上单位或者个人合作完成的发明创造、一个单位或者个人接受其他单位或者个人委托所完成的发明创造，除另有协议的以外，申请专利的权利属于完成或者共同完成的单位或者个人；申请被批准后，申请的单位或者个人为专利权人。

（1）两个以上单位或者个人合作完成的发明创造，可以是单位与单位之间的合作，也可以是单位与个人之间的合作，还可以是个人与个人的合作。合作的方式，可以是合作各方按照分工分别承担一项发明创造的不同部分或者不同阶段，也可以是一方或几方负责提供资金、设备、场地等物质条件，另一方或几方负责进行技术开发活动。合作完成的发明创造，合作各方可通过协议约定申请专利的权利及申请被批准后专利权的归属，以及合作各方的其他权利、义务。如果合作各方没有就合作完成的发明创造申请专利的权利及专利权的归属达成协议的，按照本条的规定，申请专利的权利及取得的专利权应当归属于完成或者共同完成发明创造的一方或几方。

（2）关于一个单位或者个人接受其他单位或者个人的委托所完成的发明创造，其申请专利的权利和申请被批准后专利权的归属问题。按照民法的一般原则，在委托合同关系中，受托方根据委托方的委托办理委托事务，其办理委托事务的风险应当由委托人承担；同时，其办理委托事务取得的成果，也应当归于委托人。委托人则应按合同的约定向受托人支付费用和报酬。我国专利法为侧重保护实际完成发明创造一方的利益，规定接受委托完成的发明创造，除当事人另有协议外，申请专利的权利和取得的专利权归于完成发明创造的一方，即归属于受托方。

73. 发明专利的提前公开有什么作用？

对于发明专利申请来说，由于审查的时间较长，在进入实质审查之前，必须先进行公开，这样做的好处是：

（1）有利于最新技术的迅速传播，使有关部门、单位及早了解最新技术发展动向，制定发展战略；

（2）可以避免重复研究，减少研发过程中的浪费；

（3）可以在他人发明的启迪下，促使新技术的更快研发；

（4）任何人均可以对不符合专利法规定的专利申请向专利局提出意见，并说明理由，以减少审查工作可能出现的差错。

对于申请人来说，由于发明专利申请公布后，公众就可以得知申请的内容，有可能实施该发明，为了维护申请人的利益，必须给予一定的保护，这就是发明专利的临时保护。由于此时发明专利申请还未经实质审查，有相当一部分最后会被驳回，考虑到公众的利益，申请人无权要求停止实施，但可以要求补偿。因此，《专利法》第十三条规定，发明专利申请公布后，申请人可以要求实施其发明的单位或者个人支付适当的费用。

一般情况下，在发明专利公开后，申请人如果获悉有的单位或个人实施了他已经申请专利的发明，可以通知实施该发明创造的单位和个人，说明该发明已经申请专利，要求对警告后的实施行为支付适当的费用。虽然法律上没有明确警告通知的问题，但在实践中，通常应当这样做。如果实施单位接到申请人的警告通知后，以有关发明尚未被授予专利权为理由拒绝支付适当的费用，那么，申请人可以设法保留证据，等专利授权后再索取。在专利授权后，专利权人可以请求专利管理机关进行调处，也可以直接向人民法院起诉。

可见，发明专利申请公开后，法律给予了一定的保护，这种保护是有限度的，它的最后是否有用依赖于专利的授权。

74. 发明专利权临时保护的范围如何确定？

对专利权的保护，应当从该专利的授权公告日开始。但对于发明专利而言，在专利申请日起满 18 个月后，专利局将公布该专利方案，此时距专利正式被授权尚需时日。在此阶段，如果有单位或者个人擅自按照公布的技术方案进行生产，势必影响专利权人授权后的合法利益。因此，《专利法》第十三条规定，"发明专利申请公布后，申请人可以要求实施其发明的单位或者个人支付适当的费用"。此段时期对专利申请的保护，一般称之为"临时保护"。当该申请被授予专利权后，就应当对其进行专利保护了。

对于已授权的发明专利权的保护范围应以其权利要求的内容为准，说明书及附图可以用于解释权利要求。而发明专利公布的权利要求的内容往往不是一成不变的，而是有可能比授权后的权利要求的范围更大或者更小。

75. 何谓专利权的终止？

专利权终止以后，任何人都可以无偿利用。专利权终止的情况主要有下列3种。

（1）期限届满终止。发明专利权自申请日起算维持满20年，实用新型或者外观设计专利权自申请日起维持满10年，依法终止。专利权期限届满依法终止的，专利局应当通知专利权人，并在专利登记簿和专利公报上分别予以登记和公告。之后，将专利申请案卷存入失效案卷库管理，并且至少再保存3年。

（2）没有按照规定缴纳年费的终止。专利局发出缴费通知书，通知专利权人补缴本年度的年费及滞纳金后，专利权人在专利年费滞纳期满仍未缴纳或者缴足本年度年费和滞纳金的，自滞纳期满之日起2个月内，最早不早于一个月，专利局作出专利终止通知，通知专利权人，专利权人未启动恢复程序或恢复未被批准的，应在终止通知书发出4个月后，在专利登记簿和专利公报上分别予以登记和公告。之后，将专利申请案卷存入失效案卷库。专利终止日应为上一年度期满日。

（3）专利权人主动放弃专利权。专利权人自愿将其发明创造贡献给全社会，可以提出声明主动放弃专利权。专利权人主动放弃专利权的，应当使用专利局统一制定的表格，提出书面声明。

放弃专利权只允许放弃全部专利权，不允许放弃部分专利权。放弃一件有两名以上的专利权人的专利时，应当有全体专利权人的同意，并在声明或其他文件上签章。两名以上的专利权人中，有一个或者部分专利权人要求放弃专利权的，应当通过办理著录项目变更手续，改变专利权人。符合规定的放弃专利权声明被批准后，专利局将有关事项在专利登记簿上和专利公报上登记和公告。该声明自登记、公告后生效。

76. 请求权利恢复手续需遵守哪些原则？

申请人、专利权人或者其他利害关系人因不可抗拒的事由或因正当理由而造成权利丧失可以请求恢复权利。

请求权利恢复必须遵守下列原则：

（1）当事人因不可抗拒的事由而耽误了期限，造成权利丧失的，自障碍消除之日起 2 个月内，但是最迟自期限届满之日起 2 年内，可以向专利局说明理由并附具有关证明文件，请求恢复其权利。

（2）当事人因正当理由而耽误了期限，造成权利丧失的，可以自收到专利局通知之日起 2 个月内向专利局说明理由，请求恢复其权利。

（3）未按期缴纳维持费或年费的，只能以不可抗拒的事由为理由，请求专利局恢复其权利。办理权利恢复手续，要提交"恢复权利请求书"并附具有关证明。还要缴纳恢复费。

失效的专利不再受保护。失效的专利已获得过专利权，并向社会公开，不具有新颖性。但在原专利基础上经改进后的发明创造，凡是符合授予专利权的条件的，申请专利后有可能被授予专利权。

77. 职务发明与非职务发明如何界定？对职务发明人如何奖励？

我国《专利法》第六条界定了职务发明与非职务发明,《专利法实施细则》第十二条对"执行本单位的任务所完成的职务发明创造"进行了界定。

依据《专利法实施细则》的规定，职务发明创造的发明人或设计人有依法获得奖励和报酬的权利。

被授予专利权的国有企业事业单位应当自专利权公告之日起 3 个月内发给发明人或者设计人奖金。一项发明专利的奖金最低不少于 2000 元；一项实用新型专利或者外观设计专利的奖金最低不少于 500 元。

由于发明人或者设计人的建议被其所属单位采纳而完成的发明创造，被授予专利权的国有企业事业单位应当从优发给奖金。

发给发明人或者设计人的奖金，企业可以计入成本，事业单位可以从事业费中列支。

被授予专利权的国有企业事业单位在专利权有效期限内，实施发明创造专利后，每年应当从实施该项发明或者实用新型专利所得利润纳税后提取不低于2%或者从实施该项外观设计专利所得利润纳税后提取不低于0.2%，作为报酬支付发明人或者设计人；或者参照上述比例，发给发明人或者设计人一次性报酬。

被授予专利权的国有企业事业单位许可其他单位或者个人实施其专利的，应当从许可实施该项专利收取的使用费纳税后提取不低于10%作为报酬支付发明人或者设计人。

以上关于奖金和报酬的规定，中国其他单位可以参照执行。

78. 国内专利维权有哪些途径？

（1）专利维权途径。

1）自行和解：在双方平等协商的基础上，达成和解协议。其优势在于可以迅速、友好地解决纠纷，留下继续合作的空间，节约人力、物力、财力。

2）向专利管理机关申请调解和处理，依靠行政手段责令侵权者停止侵权并对其进行处罚。调处范围包括：专利使用费纠纷、专利奖励费纠纷、专利申请权纠纷、专利权归属纠纷、专利合同纠纷、专利侵权纠纷等。好处是程序简便、处理快。

3）向法院起诉，要求侵权者停止侵权并赔偿因侵权造成的经济损失。可以有效地打击竞争对手，巩固已经拥有的市场优势地位，而且还可以从侵权人手中得到一笔补偿金。人民法院的判决书或调解书具有法律效力，并由国家强制力保证其执行。

（2）程序和时效。

1）向专利管理机关申请调解和处理不是必需的，当事人可以不经行政调处而直接向人民法院起诉。专利管理机关的决定还要经过司法审查，不服的一方还可以向法院提起行政诉讼，且跨省执行有一定的难度。

2）向法院起诉。对涉嫌侵权方的技术与自己的专利技术进行对比分析，确定专利侵权是否成立；调查侵权范围或程度，准备诉状和相关证据；到具有管辖权的法院立案；经法庭开庭审理，等待法庭的裁定或判决生效；申请强制执行。诉讼时效为 2 年，自专利权人或者利害关系人得知或者应该得知侵权行为之日起计算。

79. 什么是专利侵权？哪些行为会被认为侵犯了专利权？

● 一般侵权责任必须同时具备以下四个要件：

（1）损害事实的客观存在，即必须在客观上造成财产损害或精神损害；

（2）行为具有违法性，如因合法行为造成损害，则行为人不承担责任；

（3）不法行为与损害后果之间有因果关系；

（4）行为人主观上有过错，包括故意和过失。如行为人主观上无过错，则不承担责任。特殊侵权行为的民事责任不需完全具备上述要件，基于法律的特别规定或具备一定的特殊条件即可成立。特殊侵权则不要求行为人主观上有过错。

● 侵犯专利权的行为包括：

（1）假冒专利的行为。

1）在未被授予专利权的产品或者其包装上标注专利标识，专利权被宣告无效后或者终止后继续在产品或者其包装上标注专利标识，或者未经许可在产品或者产品包装上标注他人的专利号；

2）销售第 1）项所述产品；

3）在产品说明书等材料中将未被授予专利权的技术或者设计称为专利技术或者专利设计，将专利申请称为专利，或者未经许可使用他人的专利号，使公众将所涉及的技术或者设计误认为是专利技术或者专利设计；

4）伪造或者变造专利证书、专利文件或者专利申请文件；

5）其他使公众混淆，将未被授予专利权的技术或者设计误认为是专利技术或者专利设计的行为。

（2）以非专利产品冒充专利产品、以非专利方法冒充专利方法的行为。

1）制造或者销售标有专利标记的非专利产品；

2）专利权被宣告无效后，继续在制造或者销售的产品上标注专利标记；

3）在广告或者其他宣传材料中将非专利技术称为专利的；

4）在合同中将非专利技术称为专利技术；

5）伪造或者变造专利证书、专利文件或者专利申请文件。

80. 对专利侵权纠纷案件的地域管辖如何确定？

根据最高人民法院《关于开展专利审判工作的几个问题的通知》及《关于专利侵权纠纷案件地域管辖问题的通知》，对专利侵权纠纷案件的地域管辖这样确定：

（1）未经专利权人许可，为了生产经营目的而制造、使用、销售发明或者实用新型专利产品以及制造、销售外观设计专利产品的，由该产品制造地的人民法院管辖，制造地不明时，由该产品的使用地或者销售地的人民法院受理。

（2）未经权利人许可，为了生产经营目的而使用专利方法的，由该专利方法使用者所在地的人民法院管辖。

（3）未经权利人授权而许可或者委托他人实施专利的，由许可方或者委托方所在地的人民法院管辖，如果被许可方或者受托方实施了专利，从而双方构成共同侵权，则由被许可方或者受托方所在地的人民法院管辖。

（4）专利权共有人未经其他共有人同意而许可他人实施专利的，由许可方所在地的人民法院管辖；如果被许可方实施了专利，从而双方构成共同侵权，则由被许可方所在地的人民法院管辖。

（5）专利权共有人未经其他共有人同意而转让超过其应有份额的专利权的，由转让方所在地的人民法院管辖；如果受让方明知对方越权转让而仍然接受，从而双方构成共同侵权，可由受让方所在地的人民法院管辖。

（6）假冒他人专利尚未构成犯罪，但给专利权人或者利害关系人造成损害的，由假冒行为地或者损害结果发生地的人民法院管辖；如有困难，可由被告所在地的人民法院管辖。

81. 企业发现专利被侵权后应该采取哪些措施？

专利权人认为自己的专利受到侵害后，应首先将对方技术与自己的专利技术进行认真的对比分析，确定对方的技术特征是否落入自己专利的保护范围内，以确定专利侵权是否成立。在此过程中，委托专利律师对是否构成专利侵权进行分析，提供法律意见，可以作为决策时的参考。

专利权人在确认自己的专利权有效、专利侵权成立之后，方可着手进行搜集证据工作，大致有如下几个方面：

（1）有关侵权者情况的证据。侵权者确切的名称、地址、企业性质、注册资金、人员数、经营范围等情况，都是专利权人首先应了解的。了解这些情况对专利权人对付专利侵权应采取什么样的策略是很重要的。

（2）有关侵权事实的证据。构成专利侵权的前提是必须要有侵权行为。这些方面的证据有侵权物品的实物、照片、产品目录、销售发票、购销合同等。

（3）有关损害赔偿的证据。专利权人可以向侵权者要求损害赔偿。要求损害赔偿的金额可以是专利权人所受的损失。但专利权人要提供证据，证明因对方的侵权行为，自己专利产品的销售量减少，或销售价格降低，以及其他多付出的费用或少收入的费用等损失。

要求损害赔偿的金额也可以是侵权者因侵权行为所得的利润。专利权人要提供证据，证明侵权者的销售量、销售时间、销售价格、销售成本及销售利润等。以此为依据，计算侵权者所得的利润。

要求损害赔偿的金额还可以是不低于专利权人与第三人的专利许可证贸易的专利许可费。为此，专利权人要提供已经生效履行的与第三人的专利许可证协议。

侵权者侵权利润的确切证据，有时无法得到。在进行诉讼时，可以先提供一些粗略的证据，待确定专利侵权后，可以请求法院对侵权者进行查账，以确定侵权利润。然后，在此基础上，再计算出侵权者应付的赔偿金额。

82. 专利侵权行为的证据有哪些？

专利侵权行为的证据有书证、物证、视听资料、证人证言、当事人陈述、鉴定结论、勘验笔录。

物证，主要是侵权物。一项专利被侵权，必定有人制造、使用、销售、进口了该专利产品或依照该专利方法直接获得的产品。因此，一般情况下，侵权物是十分重要的证据。

有的侵权产品体积较大或很笨重，或价格昂贵，不一定购买该产品作为证据，而可以采取拍照和取得他人的销售凭证作为证据。我国专利法对方法专利的保护虽然延及产品，但是，相同产品的物证在方法专利侵权纠纷案件中，其证明作用只是间接的；不能以侵权人生产相同产品直接认定侵权行为的存在，关键是侵权人是否使用了专利权人的专利方法来生产相同产品。

书证是侵权证据中最主要、运用最普遍的证据。书证种类较多，根据其所起作用的不同，书证一般包括如下几种：

（1）证明专利权有效性的书证，如中国专利局签发的专利证书、专利局出版的专利文件、专利复审委员会发布的宣告无效请求审查决定、缴纳年费的收据、专利登记簿副本以及专利权转让合同，等等。这些书证主要证明有效专利权的存在、诉讼当事人的主体资料、该项专利依法受保护的起始时间、保护范围等。

（2）证明侵权人实施了侵权行为的书证如购销合同、转让合同、销售发票以及产品说明书、产品设计图、产品配方、加工制造工艺等相关的技术资料等。

（3）证明侵权规模的书证如财务报表、财务单据、企业生产记录等。这类书证的证明作用是查明侵权人侵权规模，即侵权人因侵权行为所获得的利润，是确定损害赔偿的重要依据。但是，专利权人及其代理人自行收集这类证据往往较为困难，侵权人一般不予配合，或拒绝提供这类证据。对于这些关键证据，当事人可以请求人民法院提取。

（4）视听资料。视听资料不是专利侵权纠纷案件经常使用的证据，但在某些情况下也能起到重要作用。例如，以视听资料的形式出现的广告、产品介绍、关于企业生产某种产品的实况录像等，对认定侵权事实往往起着重要的作用。

83. 侵权人需承担的法律责任有哪些？

侵犯专利权可能会承担民事责任、行政责任和刑事责任。

（1）侵权行为的民事责任。《专利法》对专利侵权主要是采用民事制裁，专利管理机关或者人民法院在处理侵权时，主要是责令侵权人停止侵权行为和赔偿损失。停止侵权是最有效、最直接的防止继续侵权的方法。根据《民法通则》的有关规定，任何人未经许可，为了生产经营目的，实施了侵犯专利的行为，专利权人或者利害关系人可以请求停止侵权。同时，专利权人或者利害关系人还可以请求采取预防措施，如处置已经生产的侵权产品等，人民法院可以做出诉讼保全的裁定，责令被告停止侵权行为，并采取查封、扣押、冻结、责令提供担保等诉讼保全措施等。专利权人一旦证明了侵权的事实，就可以要求赔偿损失。《专利法》第六十条和最高人民法院《关于审理专利纠纷案件适用法律问题的若干规定》第二十条和第二十一条对专利侵权赔偿数额做了规定。

（2）侵权行为的行政责任。专利法对侵权行为中的假冒他人专利、泄露国家机密、徇私舞弊等行为规定了行政责任。另外，我国《专利法》还对侵犯发明人或者设计人合法权益的行为规定了行政责任。《专利法》第五十九条还为专利管理机关可依法主动出击，有力地打击假冒专利违法行为提供了法律依据。

（3）侵权行为的刑事责任。根据《专利法》的规定，专利侵权主要给予民事制裁，但有时也需要刑事制裁。因为侵权不仅仅涉及专利权人的财产权，有时也涉及公共利益。对违反公共利益的最有效的制裁是刑事制裁。《专利法》第六十三条、第七十一条、第七十四条分别对假冒他人专利、泄露国家机密以及徇私舞弊这三种行为规定了刑事责任。

84. 专利侵权行为的抗辩有哪些?

（1）专利权的穷尽。是指专利权人制造、进口或者经专利权人许可而制造、进口的专利产品或者依照专利方法直接获得的产品售出后，他人使用、许诺销售或者销售该产品，不构成对其专利权的侵害。

（2）先用权。是指在专利申请日前已经制造相同的产品、使用相同的方法或者已经作好制造、使用的必要准备，并且在原有的范围内继续制造、使用的行为，不视为侵犯专利权。

（3）临时过境。是指临时通过中国领土、领海、领空的外国运输工具，依照其所属国同中国签订的协议或者共同参加的国际条约，或者依照互惠原则，为运输工具自身需要而在其装置和设备中使用有关专利的行为，不视为侵犯专利权。但不包括用交通运输工具对专利产品的转运行为。

（4）科学研究和实验性使用。是指专为科学研究和实验而使用有关专利的行为，不视为侵犯专利权。对专利产品进行实验是为了研究、改进专利产品，实验结果可能改变原来的专利产品的技术特性，产生新的技术成果，不应视为侵权；在实验中使用专利产品与专利技术本身没有直接的联系，对专利本身不会产生影响，不构成对专利权的侵犯。

（5）诉讼时效完成。专利侵权的诉讼时效，依据专利法的规定为 2 年，自专利权人或者利害关系人得知或者应当得知侵权行为之日起计算。对持续进行的专利侵权行为，权利人 2 年内未予追究，当权利人提起侵权诉讼，专利权在保护期内，侵权人仍然在实施侵权行为，仍会判决停止侵权行为，但侵权损失赔偿额应自专利权人向人民法院起诉之日起向前推算 2 年计算。

（6）专利权无效。被告认为原告的实用新型和外观设计专利的授予不符合专利法有关规定的，可以在答辩期内向专利复审委员会提出宣告该专利权无效申请，法院应当中止审理。侵犯发明专利权纠纷案件的被告在答辩期内对原告的专利权提出宣告无效的请求，法院可以中止诉讼。

85. 专利管理机关可以处理哪些类型的专利纠纷？

专利管理机关是国务院各部委和地方人民政府根据中国《专利法》的规定，在本部门、本地区设立的管理专利工作的行政部门。根据《专利法》和《实施细则》的规定，专利管理机关可以处理的专利纠纷有：专利侵权纠纷；有关发明专利申请公布后，专利权授予前，他人实施发明的费用纠纷；专利申请权和专利权归属纠纷；关于对职务发明人奖励和报酬的纠纷。

专利管理机关对上述纠纷所作出的处理决定，当事人不服的，可以向专利管理机关所在地的中级人民法院起诉，当该法院对专利案件无管辖权时，当事人可以向专利管理机关所属省、自治区、直辖市人民政府所在地的中级人民法院起诉。双方当事人在规定的期限内没有向人民法院起诉的，专利管理机关的处理决定即发生法律效力。专利管理机关对侵权行为作出的处理决定，当事人期满不起诉，又不履行的，专利管理机关可以请求人民法院强制执行。

86. 企业遭遇侵权诉讼应如何应对？

（1）充分利用检索，做到心中有数。在专利侵权诉讼中利用文献检索，主要在于查明以下情况：

1）被侵犯的专利权是否存在，该专利权是否仍然有效，何时申请，何时到期；

2）专利权人是谁，有无继承或转让等事项，是否符合法定手续；

3）对比专利权利要求与被控侵权物技术特征的区别，看后者有无实质性改进；

4）有无相同或相似的国内外专利，以备提出反诉。

（2）分析对比，决定对策。

1）利用和解或调解。经分析对比，如果确属侵犯了他人的专利权，又仍想实施该专利技术，最明智的办法是主动与对方进行私下和解。

2）据理反驳。经分析对比，如果确认并未侵权，应据理反驳。对于销售或者使用专利产品的侵权指控来说，按目前的法律，如果被指控人能提供自己不知道销售或者使用的是专利产品的证据，则可免除侵权责任。

3）利用撤销专利权或反诉专利权无效程序。提起撤销和反诉专利权无效程序，最常见、最普遍的是证明其不具备新颖性及创造性。如果能列举出专利权在专利申请日之前，已公开过该专利的技术内容，反诉就有获胜的可能。

87. 企业遭遇美国"337 调查"如何应对？

美国"337 调查"应诉有一定的程序，首先是美国国际贸易委员会立案阶段。一般来说，从立案到正式被通过这个过程大概是 20 天。立案后，应诉人必须进行答复，为自己作辩护。美国国际贸易委员会根据应诉人的辩护，裁决是否存在侵权。根据"337 调查"条款，被诉企业必须在正式立案后 20 天内作出应诉答辩，否则美国国际贸易委员会可以在被告缺席的情况下根据原告单方面的证据判决。对于拥有自主知识产权的企业来说，不仅要在本国进行相关注册，还要在美国、欧洲、日本等全球主要贸易区域注册。这样一旦因竞争原因被对手以侵犯知识产权纠纷为名告上法庭时，将成为最为有力的反击武器。

企业还可通过以下手段应对"337 调查"：

（1）中国企业在向美国出口产品前，要进行有关的知识产权调查，如果发现存在侵权的可能，应及时对产品进行修改；

（2）要注意知识产权保护的地域性，如果企业认为美国的市场非常重要，就应该在美国申请专利，一旦遇到知识产权纠纷，可以采用"交叉许可"进行和解；

（3）中国企业可以与美国进口商签订协议，由进口商对侵权行为承担责任，从而转嫁可能存在的风险。

88. 技术秘密与专利有什么区别?

技术秘密与专利同属知识产权领域范围，有许多相同的地方，但也有区别。

（1）技术秘密保护要比专利制度保护范围大，凡是能够用专利制度保护的技术都可采用技术秘密制度来保护，专利制度不能保护和不需要保护的技术，如"可口可乐"的配方、"同仁堂"中成药的配方以及前面提到的瑞士手表的装配工艺等，均采用技术秘密的方式进行保护。

（2）专利制度不能脱离技术秘密制度独立存在，如在专利申请之前不采取保密措施，发明创造有可能泄密公开而丧失新颖性从而不能得到专利保护。发明创造从开发到专利申请、授予专利权时间跨度可能很长，这段期间也需要技术秘密保护。一些不在专利中公开的技术、阶段性的技术成果以及技术资料都可以采取技术秘密保护，作为专利技术的补充。反之，技术秘密可以脱离专利而独立存在。

（3）技术秘密的保护更需要借助持有人自身的力量，从内部人员、制度、管理上控制；专利则是依照国家法律法规保护。当然，技术秘密的保护目前已经逐步纳入国家法律法规保护范围，窃取技术秘密并造成重大损失的也要判刑。

（4）技术秘密是不公开的技术，只要技术不被公开，企业对技术就有长期控制和垄断权利，特别是对技术难度大，其他企业和个人在短期内不能开发出来的技术保护更有力。专利是公开的技术，所有人不能限制他人研究和模仿，其保护期也有限。

（5）不同的持有人持有相同的技术秘密时，持有人都享有相同的利益，相互不能排除其他人开发同样的技术，享有相同的权利。同时也不能排除他人通过对技术秘密控制人的产品进行"反向工程"，得到这项技术；而专利权人则有绝对的排他权。也就是说，上述技术秘密的持有人有一方申请专利了，技术秘密就变成公开的技术，就得到了排他权，可以限制另一方继续使用该"技术秘密"。

89. 如何处理充分公开与保留技术秘密之间的关系？

企业在确定某一特定技术是申请专利还是作为技术秘密保留时应考虑以下几个方面：

（1）反向工程的难易程度。反向工程是指通过对产品进行解剖和分析，从而得出其构造、成分以及制造方法或工艺。反向工程获得的技术是合法的。对于企业的科研成果，如果其他企业不可能通过反向工程或者很难通过反向工程而获得该技术，那么，企业宜选择商业秘密保护；对于容易被其他企业反向工程获得技术的科研成果，企业宜选择专利保护。

（2）科研成果价值的期限长短。现代科技发展迅速，有时不到半年时间，技术就已被淘汰，因此，企业应评估自己企业的科研成果价值的期限。如果该科研成果的期限不超过专利法保护的期限，那么，企业可以选择专利保护。但是，对于企业的科研成果如配方，会长期源源不断地为企业带来经济利益，那么，企业可以选择商业秘密保护，因为商业秘密保护不受期限限制。

（3）能够获得专利的可能性高低。我国专利法对授予专利规定了严格的三要件即新颖性、创造性与实用性。企业通常会有一些技术改进或革新等，但又不具备专利的条件。如果企业将这些改进或革新申请专利，而结果未被授予专利，那么该技术改进或革新将变成公知技术，任何企业均可任意使用。我国近几年专利申请获得批准的专利约为 25%，也就是说国家现受理的专利申请大部分并未授予专利，因此，企业应事先分析该科研成果被授予专利的可能性，对于被授予专利可能性高的科研成果，可以选择专利保护，对于被授予专利可能性低的科研成果，宜采用商业秘密保护。

（4）经济价值大小程度。由于专利保护需要企业向专利部门支付一定的专利费用，因此，从企业利益考虑，对于经济价值低的科研成果不必选择专利保护而应选择商业秘密保护；而对那些经济价值高且市场需求量大的产品或技术应申请专利保护。

六、企业专利管理实务

90. 专利池是什么?

专利池（Patent Pool）是一种由专利权人组成的专利许可交易平台，平台上专利权人之间进行横向许可，有时也以统一许可条件向第三方开放进行横向和纵向许可，许可费率是由专利权人决定的。"专利池"（联合许可）平台上的各个专利权人之间依然有专利许可问题。

（1）专利许可原则。在专利池内部通常遵循平等原则，专利池成员无论专利数量多少其地位一律平等，每一项必要专利无论其作用大小，都平等对待，这是因为专利池中任何一项专利都是技术实施中必不可少的专利。成员间一般相互交叉许可，对外许可收入则主要根据各成员所拥有的专利数量按比例分配。

专利池的对外专利许可一般遵守公平、合理、非歧视原则，这也是许多标准化组织与反垄断机关的原则要求。公平原则要求专利池不得无故拒绝许可以限制新的厂商进入；合理原则要求许可条款特别是专利许可费率应当合理；非歧视原则要求专利池对任一被许可厂商应当一视同仁，不得因为所属国别、规模大小等原因而厚此薄彼或拒绝许可。

（2）专利许可费标准。专利池对外许可一般执行统一的收费标准，这也是非歧视原则的体现。为了确定合理的专利收费标准和专利池成员间的分配比例，专利池需要确定一套专利许可费收取和分配的计算方法。这些方法一般包括成本累积法、市场比价法、所得估算法等。

（3）知识产权管理机构。专利池对外通常实行一站式打包许可，由一个专门的知识产权管理机构负责相关事务。管理机构不仅全权代表专利池统一对外许可，还负责处理有关专利纠纷谈判和诉讼事务。管理机构的设立一般采用两种方式：一种是由专利池另行成立专门负责知识产权管理的独立实体，专利池成员首先与该独立实体签署专利授权协议，再由该独立实体统一负责知识产权许可事务；另一种是不另设独立机构，而是由专利池委托其部分成员代表专利池负责知识产权管理。

91. 企业知识产权评估的原则和方法是什么？

（1）企业知识产权评估原则。

1）替代性原则：购买企业对一种知识产权的出价不愿高于其他在市场上获得同样能达到目的、满足要求的相类似的知识产权成本。

2）预期收益原则：一项知识产权的价值与该项知识产权预期或未来收益有很大关系。知识产权未来收益，是评估一项知识产权的重要依据。需注意，企业知识产权预期收益的最佳值是该项知识产权处于最佳使用时产生的，不能局限于现时利用状况。

3）变化性原则：知识产权的价值在企业营运中受多种因素的影响，这些因素的变化趋势如何，对知识产权价值，特别是对企业的获利能力的影响有多大，是企业知识产权评估时必须考虑的问题。

4）一致性原则：企业知识产权的评估存在许多要考虑的关联因素、变量，这些关联因素与变量之间要存在合理的一致性，否则就会影响评估结果的科学性、真实性。

（2）企业知识产权评估方法。

知识产权评估作为资产评估的范畴。国家对资产评估机构、执业主体、评估的要求都有规定。资产评估必须按照申请立项、资产清查、评定估算、验证确认的法定程序进行。资产评估应当根据资产原值、净值、新旧程序、重置成本、获利能力等因素，采用收益现值法、重置成本法、现行市价法、清算价格法以及国务院国有资产行政主管部门规定的其他评估方法评定。企业知识产权评估当然也应按照国家资产评估的有关规定进行。

92. 何时需要进行知识产权评估？

知识产权评估主要发生在如下场合：

（1）知识产权贸易；

（2）知识产权资产参股；

（3）知识产权进行质押贷款；

（4）知识产权增加注册资本数额；

（5）确定法律诉讼赔偿金数额。

另外，在选择知识产权标的时，在协商 OEM 或者 ODM 合作契约的知识产权条款时，在遭遇侵权诉讼后分析诉讼策略时，在吸引风险投资、进行股份制改造、资产重组、民营化改革、企业合并、破产清算、遗产分割、奖励职务发明人时，在分享委托项目的知识产权成果、专利申请权和其他利益时，甚至在确立研发设计选题、规划知识产权检索和部署策略、开展市场布局、进行广告宣传时，企业也需要进行知识产权评估。错过知识产权评估的契机，会造成资产流失、谈判受挫。

93. 如何构建企业知识产权制度？

构建企业知识产权制度应从如下几个方面着手：

（1）建立知识产权基本制度，包括明确管理原则、机构设置、人员配备、经费投入、激励机制、考核控制、流程控制、预警支持等重大事项做出的设计安排；

（2）制定专项管理办法：制定企业对专利、商标、著作权、商业秘密的管理制度和办法；

（3）制定贯穿技术研发全流程的知识产权管理办法；

（4）制定知识产权信息化平台建设办法；

（5）制定企业经营、销售全流程知识产权管理办法；

（6）制定知识产权激励奖惩办法；

（7）制定知识产权运营办法；

（8）制定企业知识产权考核评价办法。

94. 企业知识产权管理有哪些内容?

知识产权管理是指国家有关部门为保证知识产权法律制度的贯彻实施,维护知识产权人的合法权益而进行的行政及司法活动,以及知识产权人为使其智力成果发挥最大的经济效益和社会效益而制定各项规章制度、采取相应措施和策略的经营活动。

知识产权管理是知识产权战略制定、制度设计、流程监控、运用实施、人员培训、创新整合等一系列管理行为的系统工程。知识产权管理不仅与知识产权创造、保护和运用一起构成了我国知识产权制度及其运作的主要内容,而且还贯穿于知识产权创造、保护和运用的各个环节之中。从企业管理的角度看,企业知识产权的产生、实施和维权都离不开对知识产权的有效管理。

知识产权管理实质上是知识产权人对知识产权实行财产所有权的管理。所有权是财产所有人在法律规定的范围内对其所有的财产享有的占有、使用、收益和处分的权利。知识产权虽然在形态上有其特殊性,但它仍然是客观实在的财产。主要内容包括:

(1)知识产权的开发管理。企业应当从鼓励发明创造的目的出发,制定相应策略,促进知识产权的开发,做好知识产权的登记统计,清资核产工作,掌握产权变动情况,对直接占有的知识产权实施直接管理,对非直接占有的知识产权实施管理、监督。

(2)知识产权的经营使用管理。主要对知识产权的经营和使用进行规范;研究核定知识产权经营方式和管理方式;制定知识产权等。

(3)知识产权的收益管理。对知识产权使用效益情况应统计,合理分配。

(4)知识产权的处分管理。企业根据自身情况确定对知识产权的转让、拍卖、终止。

(5)知识产权人才管理。

95. 企业知识产权管理有哪些模式?

● 集团企业管理模式

集团企业多为产业发展多元化且具有一定规模的大型企业。针对该类企业知识产权保护客体的广泛性、复杂性，集团应建立了一套完整的知识产权管理体系与之相适应。

首先，在集团总部成立独立的知识产权管理委员会。由集团副总经理亲自挂帅，全权负责企业知识产权方面各项事务。委员会由集团副总经理、法律顾问、集团办公室主任、各产业块经理与办公室负责人等7人组成，独立行使如下职能：

（1）结合企业特点制定企业知识产权的经营方针策略及规划；

（2）指导集团产业块以及各有关部门建立健全知识产权的各项规章制度；

（3）监督各项规章制度的实施；

（4）对违反各项规章制度的行为与个人提起法律诉讼或通过非法律手段进行处理；

（5）组织职工，特别是高级管理人员及技术研究开发人员进行系统的知识产权教育培训；

（6）协调部门之间、产业块之间的知识产权事务；

（7）督促集团各产业块及时对已具备条件的专利、商标、版权等进行申请、注册的保护工作。

● 产业单一的中型企业管理模式

产业单一、规模不大的中型企业，亦应建立独立的知识产权部，作为董事会的智囊团，直接由企业董事会领导，该部由主管技术与法律事务的副总经理负责，下设技术室、商标室、法律室、信息室。各室负责人作为联络员由副总经理定期召集开会，研究、协调各职能部门的工作，以及制定企业知识产权的产业策略、经营方针，从而形成一种网络型的管理模式。各职能部门对总经理负责具体履行下列职责：

（1）确定企业知识产权保护对象；

（2）制定企业各项知识产权管理制度，并负责监督实施；

（3）实施企业知识产权产业策略，实现企业知识产权效益最大化；

（4）开展职工知识产权教育培训，提高企业职员知识产权的保护意识；

（5）建立知识产权侵权监控网络，防止企业侵犯他人知识产权。

● 小型高新技术企业管理模式

小型高新技术企业一般具有规模小、技术含量高、机构精简的特点，对知识产权管理机构的设置宜采取点面结合型管理模式，即选择重点，协调全面。无须质疑，科学技术的此类企业的生命，其重要性居各部门的首位，因此，知识产权管理部门不独立设置，而与本企业的总工程师办公室或者科技管理部门相结合。设置专职人员，专司专利、商业秘密、商标、计算机软件等知识产权的登记管理工作，并直接由企业中主管知识产权的干部领导。

在知识产权管理部门人员选派方面，大中型企业均应配备知识产权专业管理人才。一方面企业需加强与外部各类知识产权行政管理机构及事务机构的联系，以及时获得各类知识产权信息和咨询，了解政府政策、行业要求。另一方面从企业长远发展需求角度看，企业需有意识地培养自己的知识产权专业管理人员。把企业现有的技术成果、专利方面的管理人员和技术合同的法务人员集中起来，进行系统的知识产权法律培训，并鼓励职工参加专利代理人、商标代理人或律师资格考试，努力造就一批既熟悉知识产权法律业务，懂得企业管理知识，又懂得本行业专业技术的高级复合型人才，更好地为本企业服务。

96. 企业专利战略制定有哪些原则？

（1）以企业的整体竞争战略为基础，立足于企业的实际，将专利战略纳入企业的总体发展战略，没必要好高骛远，制定不适合企业发展水平的专利战略。

（2）企业专利战略制定一切要以市场分析和专利数据分析为依据，企业要通过量化的市场和专利数据信息的分析综合，建立科学的专利战略。

企业应该充分利用专利信息的公开性，获取产品市场和竞争对手的有关信息，进行全面分析，找出相关的技术发展趋势、地域性技术特征、竞争对手动态，了解未来产品市场的发展、竞争对手的市场专利战略、现有专利技术的基本态势以及剩余的市场空间。然后再量化分析，得出结论，用于制定专利战略。

（3）企业专利战略制定要以专利战略目标为核心。制定专利战略的首要工作就是确定目标：是为了产品出口不受打击以专利许可为主要目标核心，还是以专利申请收取专利许可费为目标。离开专利战略目标制定的专利战略必定是脱离实际的专利战略。

（4）企业专利战略制定的重点是确定专利实施方案。制定专利战略的目的是在竞争中获得优势地位，专利战略的实施方案就非常重要，在制定专利战略时一定要将每一部分都制定得具有可实施性，如将专利管理的具体机构和专利实施机构的构成、职责等都规定得详详细细，阶段性的目标也要具体现实。

为了实现专利战略的可实施性，制定知识方案时要详细考察公司的实力，从技术力量、经济实力、法律三方面进行分析，确定可以实施的具体方案。

97. 什么是专利战略联盟？

所谓专利战略联盟，是指两个和两个以上的组织间，为实现共同的专利战略目标，通过组织协议或联合组织等方式而结成的一种联合体。其特点是：以专利或以专利为支撑的技术标准为纽带，在相互协调的基础上，确立共同目标，谋求共同发展。

组建专利战略联盟，是企业适应经济科技全球化、参与国际竞争的需要；也是在日益激烈的国际竞争环境下，加强合作，争取双赢或多赢的需要。

其目的和意义在于：通过加强成员之间的联系和沟通，强化价值链，汇聚产业群，发挥成员的集体力量，提高整体竞争优势和能力，促进科技、贸易和经济的发展。

专利战略联盟的运行原则：企业自愿参加，协会组织协调，专家支撑服务；盟内资源有偿共享，通过产权协调合作，谋求共赢发展。

98. 专利战略联盟的许可模式有哪些？

（1）交叉许可。专利联盟的成员均同意彼此交换专利权时则为交叉许可。交叉许可是比较初级的专利联盟许可模式，最主要的特征为专利不向非联盟成员许可。交叉许可的当事人间一般不会成立一个独立个体来持有交叉许可的专利，而是由双方签署交叉许可契约，以使用彼此的专利。交叉许可能避免前文所述的牵制性专利以及互补性专利的问题，从而确保厂商在设计以及营运上的自由度，有助于产业技术流通，促进产业技术发展。

（2）独立个体许可。专利联盟也可能是由许多专利权人另成立一个独立个体，并将成员的专利权移转或许可给该个体。这种专利联盟的模式是先成立一个独立个体，并分别将成员所拥有的专利权移转或许可给独立个体，独立个体再将所有的专利权许可给成员，并由独立个体负责所有专利权对外的许可活动。

（3）混合模式。许多专利权人也可彼此相互交叉许可，因此他们各自皆可使用彼此的专利权。然后，再由其中一个专利权人统一许可给第三方，即由联盟成员签署契约将集中的专利移转给一个许可人，由他负责对外的许可。这种专利联盟的模式是对交叉许可模式的拓展，在交叉许可的基础上，有其中一个成员负责对外的许可活动。

七、企业专利运营实务

99. 什么是专利许可？专利许可有哪几种方式？

● 专利许可

知识产权是一种财产权，专利权人实施其权利的方式有多种，其一是自己实施；其二是将权利转让给他人；其三是许可他人实施专利。

专利许可与专利转让不同。专利许可是专利权人允许他人在一定区域内、一定期限内以一定方式使用专利。给予许可的专利权人为"许可方"；接受许可的一方为"被许可方"。

● 专利许可方式

（1）独占实施许可。独占实施许可是指许可方授予被许可方在许可合同所规定的期限、地区或领域内对所许可的专利具有独占性实施权，许可方不得再将该项专利的同一实施内容许可给第三方，同时许可方本人也不能在上述期限、地区或领域内实施该项专利。

（2）排他实施许可。排他实施许可亦称独家许可，指许可方授予被许可方在一定的条件下实施其专利的权利，同时保证不再许可第三方在上述许可的范围内实施该项专利，但许可方自己仍保留实施该项专利的权利。

（3）普通实施许可。普通实施许可指许可方授予被许可方在许可合同规定的期限、地区或领域内实施该项专利的权利，同时许可方自己仍可以在上述范围内实施该项专利，并可以继续许可第三方在上述范围内实施该项专利。

（4）交叉实施许可。交叉实施许可又称互惠许可、相互许可，指两个或两个以上专利权人在一定条件下相互授予各自专利的实施权，即一方在接受另一方许可的同时或之后，向该另一方授予实施其专利的权利。

（5）分许可。分许可又称再许可、从属许可，指原专利许可合同的被许可方经许可方的事先同意在一定的条件下将同样的许可内容再转许可给第三方实施。

100. 专利许可合同包括哪些内容？

专利许可合同包括以下几方面的内容：

（1）标的（指专利产品、专利方法及相关的专有技术等）；

（2）技术性能、质量指标及经济效益要求；

（3）履行的期限、进度和方式；

（4）验收标准和方法；

（5）专利使用费及支付方式；

（6）提供技术与技术回授的方式和条件；

（7）保密要求；

（8）中介方的报酬及支付方式和中介方应该承担的责任；

（9）违约责任；

（10）专利宣告无效后的处置办法；

（11）争议和纠纷的解决方式；

（12）属于普通、排他、独占、交叉或可分售许可的合同；

（13）关键性名词和术语的解释；

（14）双方协议的其他事项。

101. 什么是专利变更？什么是专利转让？

专利变更包括发明人、申请人、专利权人的变更；专利代理机构、代理人委托关系的变更。

专利转让是指专利权人作为转让方，将其发明创造专利的所有权或将持有权移转受让方，受让方支付约定价款所订立的合同。通过专利权转让合同取得专利权的当事人，即成为新的合法专利权人，同样也可以与他人订立专利转让合同，专利实施许可合同。

专利转让必须签订书面合同。专利转让权一经生效，受让人取得专利权人地位，转让人丧失专利权人地位，专利权转让合同不影响转让方在合同成立前与他人订立专利实施许可合同的效力。除合同另有约定的以外，原专利实施许可合同所约定的权利义务由专利权受让方承担。另外，订立专利权转让合同前，转让方已实施专利的，除合同另有约定以外，合同成立后，转让方应当停止实施。

当专利权为两个以上的专利权人共有时，一方转让其只有专利权的，另一方可以优先受让其共有的份额。

102. 专利申请权和专利权能否转让？如何办理专利权转让手续？

专利申请权和专利权可以转让。中国单位或者个人向外国人转让专利申请权或者专利权的，必须经国务院有关主管部门批准。转让专利申请权或者专利权的，转让方和受让方应自行协商签订专利（申请）权转让合同，并向国家知识产权局专利局办理著录项目变更手续，由国务院专利行政部门予以公告。专利申请权或者专利权的转让自登记之日起生效。

中国内地的申请人（或专利权人）因权利的转让或者赠与发生权利转移提出著录项目变更请求的，应当提交转让或者赠与合同以及著录项目变更申报书。单位申请人订立的合同应当加盖单位公章或者合同专用章，公民申请人订立的合同由本人签字或者盖章。有多个申请人（或专利权人）的，应当提交全体权利人同意转让或者赠与的证明材料。中国内地的申请人变更国籍后，以及在中国内地有经常居所或者营业所的外国人、外国企业或者外国其他组织，均应参照上述中国内地的个人或者单位转让专利申请权（或专利权）的规定办理。

专利申请权（或专利权）转让涉及在中国内地没有经常居所或者营业所的外国人、外国企业或者外国其他组织的，还应当符合下列规定：

（1）转让方、受让方均是外国人、外国企业或者外国其他组织的，应当提交双方签字或者盖章的转让合同。

（2）转让方是中国内地的个人或者单位，受让方是外国人、外国企业或者外国其他组织的，应当出具国务院商务主管部门颁发的《技术出口许可证》或者《自由出口技术合同登记证书》，或者地方商务主管部门颁发的《自由出口技术合同登记证书》，以及双方签字或者盖章的转让合同。

（3）转让方是外国人、外国企业或者外国其他组织，受让方是中国内地个人或者单位的，应当提交双方签字或者盖章的转让合同。

有关专利转让的其他注意事项，企业可参照《审查指南》第一部分第一章6.7.2.2 的要求。

103. 专利著录变更程序有哪些？

（1）著录项目变更应当使用专利局统一制作的著录项目变更申报书提出，一件专利申请的多个项目同时发生变更的，只需提交一份申报书；多件专利申请的同一著录项目发生变更的，即使变更的内容完全相同，也应当分别提交各自的著录项目变更申报书。

（2）著录项目变更申报应当按规定缴纳著录项目变更手续费。专利局公布的专利收费标准中的著录项目变更手续费是指每件专利申请每次申报著录项目变更的费用。

（3）著录项目变更费应当自提出请求之日起一个月内缴纳，另有规定的除外；期满未缴纳或未缴足的，视为未提出著录项目变更申报。

（4）申请人、发明人、专利权人变更费 200 元。

（5）申请人或专利权人因权利的转让或赠与发生权利转移，提出变更请求的，应当提交转让或者赠与合同，该合同是由单位订立的，应当加盖单位公章或者合同专用章，公民订立合同的，由本人签字或者盖章。

有多个专利申请人或专利权人的，应当提交全体权利人同意转让或者赠与的证明材料。

有关专利著录变更程序的其他相关注意事项，企业可参照《专利审查指南》第一部分第一章 6.7 的要求。

104. 专利技术的转让程序有哪些要求？

根据我国专利法及其实施细则的规定，专利权可以转让。中国单位或者个人向外国人转让专利权的，必须由国务院对外经济贸易主管部门会同国务院科学技术行政部门批准。

转让专利权的，当事人应当订立书面合同，并向国务院专利行政部门登记，由国务院专利行政部门予以公告，专利权的转让自登记之日起生效。

根据《合同法》的规定，专利权转让合同的让与人应当保证自己是所提供的技术的合法拥有者，并保证所提供的技术完整、无误、有效，能够达到约定的目标；而受让人则应当按照约定的范围和期限，对让与人提供的技术中尚未公开的秘密部分，承担保密义务。

让与人未按照约定转让技术的，应当返还部分或者全部使用费，并应当承担违约责任；实施专利或者使用技术秘密超越约定的范围的，违反约定擅自许可第三人实施该项专利或者使用该项技术秘密的，应当停止违约行为，承担违约责任；违反约定的保密义务的，应当承担违约责任。

受让人未按照约定支付使用费的，应当补交使用费并按照约定支付违约金；不补交使用费或者支付违约金的，应当停止实施专利或者使用技术秘密，交还技术资料，承担违约责任；实施专利或者使用技术秘密超越约定的范围的，未经让与人同意擅自许可第三人实施该专利或者使用该技术秘密的，应当停止违约行为，承担违约责任；违反约定的保密义务的，应当承担违约责任。

受让人按照约定实施专利、使用技术秘密侵害他人合法权益的，由让与人承担责任，但当事人另有约定的除外。

105. 技术转让合同的类型包括哪些?

（1）专利权转让合同。专利权转让合同是指专利权人作为转让方将发明创造专利的所有权或持有权移交受让方，受让方支付约定价款所订立的合同。专利权转让，是指专利技术所有权的转让。按合同约定受让方向转让方支付使用费，转让方将专利权移交给受让方，受让方成为新的专利权人。

（2）专利申请权转让合同。专利申请权转让合同是指转让方将其特定的发明创造申请专利的权利移交受让方，受让方支付约定价款订立的合同。按合同约定转让方将专利申请权移交给受让方，受让方向转让方支付转让费，并成为新的专利申请人。

（3）技术秘密转让合同。技术秘密转让合同是指转让方将其拥有的技术秘密成果提供给受让方，明确相互之间的技术秘密成果使用权、转让权，受让方支付约定使用费的合同。

（4）专利实施许可合同。专利实施许可合同是指专利权人或其授权人作为转让方许可受让：方在约定范围内实施其专利技术、受让方支付约定的使用费所订立的合同。专利实施许可合同转移的是部分或全部的专利使用权，专利权仍属于专利权人。根据当事人双方约定实施专利的使用权的范围，专利实施许可合同又可分为独占实施许可合同、排他实施许可合同和普通实施许可合同。此外，对于产品发明或者实用新型专利，可以采取生产许可、使用许可、销售许可等形式。

106. 专利转让合同一般应具备哪些条款？

专利转让合同的一般条款包括：

（1）项目名称：项目名称应载明某项发明、实用新型或外观设计专利权转让合同。

（2）发明创造的名称和内容，应当用简洁明了的专业术语，准确、概括地表达发明创造的名称，所属的专业技术领域，现有技术的状况和本发明创造的实质性特征。

（3）专利申请日、专利号、申请号和专利权的有效期限。

（4）专利实施和实施许可情况，有些专利权转让合同是在转让方或与第三方订立了专利实施许可合同之后订立的，这种情况应载明转让方是否继续实施或已订立的专利，实施许可合同的权利义务如何转移等。

（5）技术情报资料清单，至少应包括发明说明书、附图以及技术领域一般专业技术人员能够实施发明创造所必须其他技术资料。

（6）价款及支付方式。

（7）违约金或损失赔偿额的计算方法。

（8）争议的解决办法，当事人愿意在发生争议时，将其提交双方信任的仲裁机构仲裁的应在合同中明确仲裁机构。明确所共同接受的技术合同仲裁，该条款具有排除司法管辖的效力。

107. 专利转让及注意事项

专利转让是指专利权人作为转让方，将其发明创造专利的所有权或将持有权移转受让方，受让方支付约定价款所订立的合同。通过专利权转让合同取得专利权的当事人，即成为新的合法专利权人，同样也可以与他人订立专利转让合同、专利实施许可合同。

专利转让权一经生效，受让人取得专利权人地位，转让人丧失专利权人地位，专利权转让合同不影响转让方在合同成立前与他人订立专利实施许可合同的效力。除合同另有约定的以外，原专利实施许可合同所约定的权利义务由专利权受让方承担。另外，订立专利权转让合同前，转让方已实施专利的，除合同另有约定以外，合同成立后，转让方应当停止实施。

专利转让时需要注意以下几点：

（1）避免盲目扩大专利价值。对于专利权的转让标底，应以能够成交为原则，否则很可能合作失败。

（2）避免求快。专利转让是一个法律程序，最好委托业内人士，进行相关操作，切勿自行随便签订合同。

（3）应把合作放在首位。一项具有一定技术含量和市场容量的专利技术，在没有转化为社会生产力之前，只能是技术，因此产业化的实现同样重要，在某种程度上适当退让和调低标底。

（4）做好相关记录。做好转让过程中的记录，对于后续问题以及收益分配都十分重要。转让之前，不要轻易进行价值评估等操作，如果确实需要进行评估，尽量与对方明确评估费用担负原则和担负比例，以免上当受骗；在没有完全完成转让手续前，不要轻易交付技术资料和相关图纸等具体信息。

（5）专利法中规定转让专利申请权或者专利权的，当事人必须订立书面合同，经专利局登记和公告后生效。

108. 什么是专利登记簿？专利登记簿的法律效力如何？

专利登记簿是发明、实用新型和外观设计专利申请授予专利权后，专利局记录其法律状态及其有关事项的文件。专利登记簿上记载的事项具有法律效力，受法律的保护。

（1）专利登记簿的内容。

1）专利权的授予；

2）专利申请权、专利权的转移；

3）专利权的质押、保全及其解除；

4）专利实施许可合同的备案；

5）专利权的无效宣告；

6）专利权的终止；

7）专利权的恢复；

8）专利实施的强制许可；

9）专利权人的姓名或者名称、国籍和地址的变更。

（2）专利登记簿的法律效力。专利登记簿就是专利局专门用来登记这些专利手续和专利法律状态变更的法律文件，它与专利公报一样是证明专利的法律状态变化以及专利手续有效性的最权威性的文件。由于专利公报是按时间公告每一周内众多专利的变更情况，而专利登记簿是按每一件专利记录其法律状态变更的历史，所以当要了解某件专利的法律状态时，专利登记簿比专利公报更便利。

授予专利权时，专利登记簿与专利证书上记载的内容是一致的，在法律上具有同等效力。专利权授予之后，专利的法律状态的变更仅在专利登记簿上记载，由此导致专利登记簿与专利证书上记载的内容不一致的，以专利登记簿上记载的法律状态为准。

（3）专利登记簿副本。专利权授予公告之后，任何人都可以向专利局请求出具该专利登记簿副本。请求出具专利登记簿副本的，应当缴纳费用（按每件专利收费）。

专利局收到请求出具专利登记簿副本的请求和费用后，通过计算机制成专利登记簿副本，经与专利申请案卷核对无误以后，加盖证件专用章发送请求人。之后将这一情况记载在申请案卷中专利登记簿副本在同专利有关的经济或法律事务活动中作为证明专利法律状态的权威性凭证。

109. 什么是专利权质押?

专利权质押是指债务人或者第三人依法将其专利权中的财产权出质,将该财产权作为债权的担保。债务人不履行债务时,债权人有权依法以该财产权折价或者以拍卖、变卖该财产权的价款优先受偿。债务人或者第三人为出质人,债权人为质权人。出质人必须是合法专利权人。如果一项专利有两个以上的共同专利权人,则出质人为全体专利权人。

以专利权出质的,出质人与质权人应当订立书面合同,并向中国专利局办理出质登记;办理涉外专利权质押合同登记的,应当委托涉外专利代理机构代理。

质押合同自登记之日起生效。中国专利局是专利权质押合同登记的管理部门。

110. 知识产权质押的风险有哪些?

知识产权质押贷款中的法律风险确切地说是金融风险的法律方面。凡是在贷款期间,足以导致质物的价值减少、消失、转移或者担保权无法实现的法律事实都叫法律风险。其中可以分为两大类:一类是质物既存的瑕疵;另一类是质物或者担保物在贷款期间发生的继发性的一些法律事件、法律事实或者法律行为。这两类法律风险具体表现为以下方面:

(1)借款人出资人资质方面的风险。

1)法律文件缺失,有一些是权利凭证的缺失以至从根本上无法确立知识产权;

2)知识产权,特别是专利未履行一些必要的年检、登记、变更等手续;

3)借款期,或者借款申请的时间跨了年检的年度带来的金融风险;

4)出资人不是知识产权的权利人。

(2)质物存在瑕疵带来的风险。

1)质物没有取得国家商标局或者国家知识产权局依法授权包括正在申请过程中的和已经过期失效的;

2)质物的权属不清;

3）质物存在侵权纠纷，或者提前终止或者被申请宣告无效等法律风险；

4）其他法律瑕疵。

（3）现行行政管理体制导致的风险。

1）权属有争议，权利存在不稳定性；

2）知识产权质押要进行登记；

3）公示很难通过便捷的方法查询，使质物权属在审查上有一定的难度；

4）公众无法通过便捷的方式查询到相关信息的披露。

（4）其他风险。

1）银行贷款规程不完备的风险；

2）质物处置的风险。现在国内还没有形成成熟的、统一的知识产权交易市场；

3）法律和价值评估的交叉风险。